现代农业综合种植实用技术研究

刘如魁 贺义敏 ◎著

中国商业出版社

图书在版编目（CIP）数据

现代农业综合种植实用技术研究 / 刘如魁，贺义敏著. -- 北京 : 中国商业出版社，2024. 7. -- ISBN 978-7-5208-3005-8

Ⅰ. S3

中国国家版本馆 CIP 数据核字第 2024E8U845 号

责任编辑：郝永霞

策划编辑：佟　彤

中国商业出版社出版发行

（www.zgsycb.com　100053　北京广安门内报国寺1号）

总编室：010-63180647　编辑室：010-83118925

发行部：010-83120835/8286

新华书店经销

廊坊市源鹏印务有限公司印刷

787毫米×1092毫米　16开　13印张　211千字

2024年7月第1版　2024年7月第1次印刷

定价：68.00元

前　言

现代农业是指借助科学技术和现代化的管理手段，提高农业生产效率、质量和可持续发展能力的一种农业模式。随着技术的不断进步，现代农业在农作物种植、畜牧养殖、温室园艺、农机装备与农产品加工等方面取得了显著的发展和成果。

现代农业在农作物种植中应用了诸多科技手段，如先进的育种技术、无土栽培技术、精准施肥技术及节水灌溉技术等。育种技术通过选择和杂交优良品种，提高农作物的抗病虫害能力和产量；无土栽培技术通过利用水培、气固体培等方式，减少土地面积占用；精准施肥技术通过科学测定土壤养分和作物需求，实现精准施肥，提高农作物的产量和品质；节水灌溉技术通过微喷与滴灌等方式，最大限度地减少了用水量，提高水资源利用效率。

我国属于农业大国，农业的发展对于国民经济的发展具有至关重要的意义。农业种植技术有助于现代农业的发展，是保障我国农业可持续发展的重要基础，因此我们应高度重视基层现代农业种植技术的推广应用，提供更加优质的服务。基于此，本书首先分析了现代农业概述及农业综合种植基础，重点研究了蔬菜种植技术、粮食种植技术、设施果树种植技术、食用菌种植技术及中草药人工种植技术，最后阐述了在“互联网＋”背景下农业经济的创新发展。本书内容全面，结构完整，力求体现理论性、实用性、新颖性，希望其能够成为一本为相关研究提供参考和借鉴的专业学术著作。

在本书撰写的过程中，我们得到了很多宝贵的建议，谨在此表示感谢。同时，参阅了大量的相关著作和文献，在参考文献中未能一一列出，在此向相关著作和文献的作者表示诚挚的感谢和敬意，同时也请对撰写工作中的不周之处予以谅解。由于作者水平有限，编写时间仓促，书中难免会有疏漏不妥之处，恳请专家、同行不吝批评指正。

目 录

第一章 现代农业概述

第一节 现代农业的内涵

一、现代农业发展阶段的理论划分

（一）准备阶段

这是传统农业向现代农业发展的一个过渡阶段。在这一阶段，开始有较少现代因素进入农业系统，如农业生产中的化肥投入量已经较高，土地产出水平也已经较高，但其他如机械化操作水平、农产品商品率可能很低。此外，如资金投入水平、农民文化程度和科技管理水平尚处于传统农业阶段。

因此，这一阶段只能为现代农业的发展做一定的基础准备。

（二）起步阶段

本阶段为农业现代化进入阶段。这一阶段现代化投入物快速增长，生产目标已从物品需求转变为商品需求，现代因素对农业发展和农村进步已经有了明显的推进作用，处于农业现代化起步状态中。在该阶段，农业现代化的特征已经开始显露出来，这特别表现于农业生产状况、农业产出结果以及农业对整个社会经济发展作用与保障等诸方面。

（三）发展阶段

本阶段现代化农业已经有较大发展，是现代农业发展较快的一个时期，农业现代化实现程度进一步提高，已经初步具备农业现代化特征。这一阶段的农业现代化水平不仅表现为现代化物质投入已经较高，而且与之相对应的产出水平也较高，特别是农业劳动生产率水平得到快速发展。但这一时期的农业生产和农村经济发展与生态等因素还存在不协调现象。

（四）基本实现阶段

本阶段的现代农业特征十分明显，农业现代化处于快速发展时期。这一阶段不仅是农业生产投入已经处于较大规模、较高程度，而且资金对劳动和土地的替代也已经达到较高水平。该时期农业发展已经逐步适应工业化、商品化和信息化的要求，农业生产组织和农村发展整体水平与商品化程度、农村工业现代化和农村社会现代化也已处于较为协调发展的过程中。

（五）全面实现阶段

这一时期，现代农业水平、农村工业、农村城镇化和农民知识化建设水平较高，农业生产、农村经济与社会和环境的关系进入了比较协调的可持续发展阶段，已经全面实现了农业现代化。

二、现代农业运作模式

现代农业是中国农业发展的基本方向，人多地少、农产业经营规模小以及生产经营方式比较粗放的状况是中国现代农业的严重制约因素。为了推进现代农业又好又快地发展，需要在坚持家庭承包经营基本制度的同时选择和创新农业经营模式，这是由农业现代化的基本特征以及阻碍现代农业发展的深层矛盾与问题决定的。

在中国建设现代农业过程中，由于各地农业生态类型、自然资源条件和社会条件的差异，因而在现代农业的建设和运作上，各地都有着不同的探索。

下面简要归纳各地探索建设现代农业的四种运行模式。

（一）外向型创汇农业模式

外向型创汇农业的模式是指利用沿海地区的区域优势，采取相应政策吸收扶持龙头企业，重点发展优质种苗、特色蔬菜、优质花卉、名优水果、优质家禽和特种水产等资金和技术密集型农产品生产，生产和加工优质农产品出口，带动区域经济发展和农民增收。

（二）龙头企业带动型的现代农业开发模式

龙头企业带动型的现代农业开发模式是指由龙头企业作为现代农业开发和经营主体，本着“自愿、有偿、规范、有序”的原则，采用“公司＋基地＋农户”的产业化组织形式，向农民租赁土地使用权，将大量分散在千家万户的土地纳入企业的经营开发活动中。这种由龙头企业建立生产基地，在基地上进行农业科技成果推广和产业化开发的运行模式，被称为龙头企业带动型的“现代农业开发模式”。

（三）农业科技园的运行模式

农业科技园的运行模式，是指由政府、集体经济组织、民营企业、农户和外商投资兴建，以企业化的方式来进行运作，以农业科研、教育和技术推广单位作为技术依托，引进国内外高新技术和资金、各种设施，集成现有的农业科技成果，对现代农业技术和新品种、新设施进行试验和示范，形成高效农业园区的开发基地、中试基地、生产基地，以此推动农业综合开发和现代农业建设的运行模式。

（四）山地园艺型农业模式

山地园艺型农业是立体型、多层次、集约化的复合农业，在充分考虑市场条件和资源优势的基础上，确定适合当地发展水平的产业和项目，引进先进的技术成果与传统技术组装配套，待引进技术和品种试验成熟之后，采取各种有效措施在当地进行推广。这是我国的一些山区在发展水果产业，促进农民增收的实践上总结出来的山地园艺型农业模式。

第二节 生态农业

一、生态农业的基本内涵

（一）生态农业的概念

生态农业主要是通过提高太阳能的固定率和利用率、生物能的转化率与废弃物的再循环利用率等，促进物质在农业生态系统内部的循环利用和多次重复利用，以尽可能少的投入，去求得尽可能多的产出，并获得生产发展、能源再利用、生态环境保护及经济效益等相统一的综合性效果，使农业生产处于良性循环中。生态农业不同于一般农业，它不仅避免了“石油农业”的弊端，而且发挥出了明显的优越性。通过适量施用化肥和低毒高效农药等，生态农业突破了传统农业的局限性，但又保持其精耕细作、施用有机肥和间作套种等优良传统。生态农业既是有机农业与无机农业相结合的综合体，又是一个庞大的综合系统工程和高效的、复杂的人工生态系统及先进的农业生产体系。

综上所述，我国的生态农业是指在保护、改善农业生态环境的思想指导下按照农业生态系统内物种共生、物质循环以及能量多层次利用等生态学原理和经济学原理，因地制宜，运用系统工程方法和现代科学技术，运用现代科学技术成果和现代管理手段，以及传统农业的有效经验建立起来的、集约化经营的农业发展模式。其充分发挥地区资源优势，依据经济发展水平及“整体、协调、循环、再生”原则，运用系统工程方法，全面规划、合理组织农业生产，实现农业高产优质高效持续发展，以达到生态和经济两个系统的良性循环，使得农业的经济效益、生态效益、社会效益协调统一的现代化农业。

（二）我国的生态农业具备的特点

1. 综合性

生态农业强调发挥农业生态系统的整体功能，它以大农业为出发点，按照“整体、协调、循环、再生”的原则，全面规划，调整和优化农业结构，使农、林、牧、副、渔各业和农村第一、第二、第三产业综合发展，并使各产业之间互相支持，相得益彰，提高综合生产能力。

2. 协调性

生态农业重视系统整体的协调，要求各要素合理调整和各子系统之间协调发展。这包括生物与生物之间，生物与无机环境之间，区域内森林、农田、水域、草地等之间，以及经济、技术、生态环境之间相互有机地配合，并使农村的发展同城市的经济乃至整个国民经济的发展相协调。

3. 传承性

生态农业是综合精耕细作的传统农业和现代生物技术成就，并且吸取石油农业的经验而构成的生产体系，使生物技术因地制宜地与传统农业经验及工程技术相结合。

4. 地域性

生态农业是按照生态经济地域分异规律而进行建设和生产经营的，这强调因地制宜，即按照当地自然、经济、技术等条件进行设计，扬长避短，发挥各自的优势，以便合理布局农业生产力，适应最佳生态环境、实现优质高效、充分发挥资源优势和区位优势。

5. 战略性

生态农业能从农业发展战略的高度出发，正确处理目前与长远、局部与整体之间的关系，局部利益服从整体利益。

6. 多样性

生态农业针对我国地域辽阔，各地自然条件、资源基础、经济与社会发展水平差异比较大的情况，充分汲取我国传统农业精华，结合现代科学技术，以多种生态模式、生态工程和丰富多彩的技术类型装备农业生产，使各区域都能扬长避短，充分发挥地区优势，各产业都会根据社会需要与当地实际协调发展。同时，物种的多样性还可能发挥天敌对害虫的控制作用，使害虫与天敌保持某一数量平衡，以减少化学农药用量，降低生产成本，提高产品质量。

7. 高效性

生态农业通过物质循环、能量多层次综合利用和系列化深加工，实现废弃物资源化利用，从而实现经济增值，降低农业成本、提高效益。为农村大量剩余劳动力创造农业内部就业机会，保护农民从事农业生产的积极性。在生产的过程中，生态农业要求投入少产出多，因而生态农业具有较高的生产率和较好的社会、经济和生态效益。

8. 层次性

生态农业有多种层次。例如，以家庭作为一个整体单元的生态户，或者以一个特定区域为整体单元的生态区域，如生态村、生态乡和生态县。不同层次的生态农业，其经营的对象、范围及功能各有不同。例如，有的从事粮食、蔬菜、水果生产，有的生产肉、奶、蛋，但是通过横向联系即可构成一个综合经营体。

9. 持续性

生态农业的建设应当考虑远近结合，重视统一规划，发展生态农业能够重视保护自然资源和合理利用资源，强调提高资源的利用率，保护和改善生态环境，防治污染，维护生态平衡，提高农产品的安全性。变农业和农村经济的常规发展为可持续发展，把环境建设同经济发展紧密结合起来，在最大限度地满足人们对农产品日益增长的需求的同时，提高生态系统的稳定性和持续性，增强农业发展后劲，并注意运用现代新技术、新成果，实现其持续协调发展的目的。

10. 稳定性

生态农业系统是一个结构合理、功能协调的良性循环系统，其缓冲能力较强，因此系统在一定外力干扰的条件下仍然能稳定发展。

11. 开放性

生态农业强调充分利用农业内部的资源，减少对于外部投入的依赖。但它是一个开放系统，需要系统外的物质投入（能量、科技和信息等），以便提高系统的生产率，同时以尽量多的农产品输出满足系统外的各项需要。

二、生态农业的发展趋势

（一）生态农业产业化

21 世纪全球经济生态化、知识化的趋势，决定了生态产业是产业革命的必然结果，同样，21 世纪的现代化发展方向也必然会将农业现代化纳入生态发展的轨道。当前我国农业出现的社会效益与自身经济效益的矛盾、分散农户与大市场的矛盾以及受市场和自然资源双重约束的几大矛盾并没有完全被解决，农业生产从数量向品种、质量转化，产值贡献弱化，市场贡献以及农业环境贡献逐渐增大的现实，决定了发展生态农业特别是生态农业产业化的必要性。

（二）生态农产品质量标准化，生态农业生产规范化

国内农产品质量标准制定的滞后，直接影响了我国农产品质量的提高，降低了我国农产品在国际市场中的竞争力，因此，应当加快农产品质量标准的制定。在进一步完善农业生态环境监测网的基础上，应重点加强农产品质量安全检测机构建设，形成功能齐全的省、市、县梯级农产品质量检测体系。

通过全国农产品监测网络，对于农产品质量实施统一的监测监控，对农产品的生产过程进行全程监控，使质量管理关口前移，提高农产品的质量与安全性。保证向市场提供无公害、绿色或者有机食品，提高产品的品牌价值和信誉度，建设完善的市场与流通体系，维护生产者和消费者的利益。

（三）科技对生态农业发展的促进作用将得到强化

农业高科技日益成为发达国家农业持续发展和产业升级换代的支撑，利用现代生物技术培育新品种，进行生物病虫害防治，提高农产品产量和品质，降低生产成本，已经渗透到农业的常规技术领域。而我国在生态农业产业化方面还缺乏相应的原创性研究和应用，与发达国家相比差距较大，所以，我们要加大农业科技投入，鼓励科技创新，加快科技发展，提高产品的技术含量和科技附加值，解决我国农产品技术含量较低的致命弱势。

三、生态农业系统中的能量流动和物质循环

在生态系统中，生物与生物、生物与环境之间不断地进行物质循环和能量转化，使生物能得以维持生存、繁衍与发展，而且使得生态系统保持平衡与稳定。

（一）农业生态系统中能量的来源与流动

1. 能量来源

地球上的一切生命过程，包括农业生物在内，其基本的能量源均为太阳辐射能。太阳表面温度6000℃，内部更是高达400万℃。太阳每秒辐射的能量，相当于燃烧115亿吨煤所发出的热量，而每年到达地球大气层的太阳能约 56×10^{23} 焦耳，但地球上的生物仅能利用太阳光能的1%～3%，理论上的最大光能利用率也仅为5%。因此，在农业生产中，充分提高太阳光能利用率的潜力很大。

辅助能其实也是太阳能的一种变换形式，不过在农业生产中，我们把除了太阳能以外人类可以利用的能源，包括工业能、生物能和自然能等都称为辅助能。例如，工业能：煤、石油、天然气；生物能：人力、畜力和沼气等；自然能：风能、水能、地热能与潮汐能等。

辅助能的使用多用于改善农业生产环境，提高作物能利用率及能量转化效率，用于灌溉、排水、施肥、耕作与农田的基本建设，培育苗木、田间管理、收获和储藏加工。当然在辅助能的使用量与技术上必须给予足够的重视，常规农业的一个主导思想就是最大限度地向农业生态系统中投入能量，以获得最高的粮食产量，但这样做的同时也带来了一系列的问题，如水土流失、资源衰竭、能源紧张、环境污染、土壤板结、地力下降、天敌减少、能效降低和过分依赖石油等，因此大量辅助能源的投入并非最优选择。

2. 生态系统中的能量流动

能量的流动主要通过“食物链”与“食物网”来实现，在食物链上，能量从一个营养级到下一个营养级不断向前流动。例如，太阳辐射能到达地球后，大约只有一半可为植物所吸收，这一部分能量的1%～5%可转变为生物化学能，其余能量以热的形式离开生态系统。以植物有机质的形式储存起来的能量，会沿着食物链和食物网流动，当能量从一个营养级传递到下一个营养级时，能量就有多方面的损耗，包括自身的呼吸消耗和不可食而不能

利用的，如根系；可食用而因食物选择限制未能利用的，如家畜只食用叶片而不食用较硬的秸秆；利用了但又未被同化的，如排泄物；同化后被呼吸消耗的等，除呼吸消耗以外，其他损耗可能进入腐食食物链被分解，使生物化学能以热的形式释放。在农业生态系统中，动植物的化学潜能作为产品输出，离开系统，同时人类也以人工辅助能的形式向系统补充能量。

营养级之间的能量转化，大致 1/10 会转移到下一营养级，组成生物量；9/10 被消耗掉，主要是消费者采食时的选择浪费和呼吸及排泄等。也就是说，平均每个营养级的能量转化效率为 10%，这被称为“十分之一定律”。由于能量每经过一个营养级时被净同化的部分要大大少于前一营养级，当营养级由低到高，其生物个体数目、生物量和所含能量就呈现出底宽而顶尖的金字塔形分布，被称为“生态金字塔”。生态金字塔的分布表明，由营养级之间能量逐级减少，人类如以动物产品为食，就处在较高的营养级上，从而需要较大的人均耕地面积。据估计，如果人类能得到较好的食物享受，人均耕地占有量应在 0.4hm^2 以上，因此，人口密度较大的地区，应以植物产品为主，通过缩短食物链来解决食物短缺问题。我国人均耕地只有 0.1hm^2 左右，要想生活得好一些，就必须保护耕地，控制人口增长。

（二）农业生态系统中的物质循环

生命的维持除了需要能量以外还需要其他物质，物质在生态系统中起双重作用，既是维持生命活动的物质基础，又是能量的载体。生物有机体至少需要 30 ~ 40 种元素，以保证它们的生长发育。动植物体组织的 95% 以上都是由氮、氢、氧、碳 4 种元素构成的，其余为钙、镁、磷、钾、钠、硫等大量元素以及铜、锌、锰、硼、钼、钴、铁、氟、碘等微量元素。生态系统中的生产者（植物）通过根系从土壤中吸收矿物营养元素，以及通过叶片上的气孔吸收来自大气的能量元素。在太阳光下通过光合作用合成有机物质，再沿食物链逐级转移，形成农业生态系统的物质流。在物质转移流动的过程中，丢失的部分都返还环境，可被植物重新吸收、利用，所以物质可以在生态系统中被反复利用而进行循环。

各种化学元素在环境和生物之间进行流动和转化的运动，称为物质的“生物地球化学循环”。在循环过程中物质滞留的场所，称为“库”，而元素在库与库之间的转移就构成了物质循环。通常把库容量大、元素在库中滞留时间长且流速慢的库称为“储存库”，相反的称为“交换库”。一般来讲，储存库多属非生物成分如大气库、土壤库和水体库，而交换库多为生物成分，如植物库、动物库。

四、中国生态农业建设的模式

生态农业模式是整个生态农业借以组装和运行的蓝图，是各组成要素在整个系统网络中的地位和相互循环关系的具体表达。我国的生态农业模式类型多种多样，但由于农业系统及其组成要素的多样性和复杂性，目前尚无统一的分类体系。结合当前的生产实践和研究成果大致可分为以下几种类型。

（一）立体利用型

根据具体条件，采用各种垂直布局，随着生态农业发展，它的内容越来越丰富，形式越来越多样。大范围的立体利用是山水田林路，按照地形、地貌，以及小气候、土质、农田、村舍、道路、沟渠的特点，进行立体布置，把上方的山坡和下方的农田作为一个生态系统整体来建设，被称为“立体农业”。小范围的立体利用，则是在一块农田或一片林果地的立体布置，地处山区的山西绛县，按海拔高低层次，进行立体布局。在千米高海拔的山崖陡坡种植油松等用材林，称为大“松柏盖顶”：在海拔稍低的缓坡地带，种植山楂、核桃与花椒等经济林，称为“花果缠腰”；而山脚、复垦地栽苹果、烟草，称为“药果烟盘底”。至于农田的立体利用，可采取高矮作物间作，耐阴与喜阳作物间作，乃至在高秆或高架作物之下养殖鹅、鸭或培植食用菌等，既能分层分期（有时利用两种作物彼此错开需要充足阳光的阶段）利用阳光，又各得其所，地尽其利。近年许多农场和农户在葡萄园地面养鹅吃草，或甘蔗地行间养鸭，或在葡萄园开深沟，这样既排水又在沟内养殖，形成高度集约利用土地、水面等资源的立体生产，取得了很好的经济效益和生态效益。

（二）沼气利用型

沼气利用型是以农业生产为基础的家庭经济发展类型。它以沼气为纽带，利用食物链加循环技术将种植业、养殖业及加工业联系在一起，通过增加畜禽饲养和沼气池厌氧发酵，将传统的单一种植和高效饲料以及废弃物综合利用有机地结合起来，在农业系统内做到能量多级利用、物质良性循环。

（三）食物链型

食物链型主要涉及的有食物链关系的初级生产者、次级生产者和分解者之间的搭配，这类模式在我国生态农业建设实践中得到最广泛的运用。根据食物链的结构可分为：

1. 食物链延伸模式

如利用作物秸秆作饲料养猪，猪粪养蛆，蛆喂鸡，鸡粪施于作物。在这种循环中，废弃物被合理利用，可以减少环境污染，从而建立取食、寄生、捕食、防污的食物链模式，还可以利用食物链进行有害生物综合防治，减少农药的使用量以保证农作物的优质、安全，如赤眼蜂食玉米螟模式、七星瓢虫捕食棉蚜虫模式及森林灰喜鹊食松毛虫模式等。

2. 食物链阻断模式

该模式在污染出现时，为阻断污染物的食物链浓缩，需要打断食物链联系。例如，在农田生产中可采用种植花卉、用材林、草坪等非食物生产模式，在水体可采用养殖观赏鱼类的生产模式。这是一种按照农业生态系统的能量流动和物质循环规律而设计的良性循环的农业生态系统。

（四）生物互利共生型

该类型利用生物群落内各层生物的不同生态特性以及互利共生关系，分层利用空间，提高生态系统光能利用率和土地生产力，增加物质生产量。这是一个在空间上多层次，在时间上多序列的产业结构类型，使得处于不同生态位的各生物类群在系统中各得其所、相得益彰、互惠互利，充分利用太阳能、水分和矿物质营养元素，实现对于农业生态系统空间资源和土地资源的充分利用，从而提高资源的利用和生物产品的产出，获得较高的经济效益和生态效益。生物互利共生型以先进适用的农业技术作为基础，以保护和改善农业生态环境为核心，强化农田基本建设，提高单产。该类型主要包括农林牧副渔复合型、农作物复合种植型、其他复合型三种类型。

（五）产业链延长增值型

该类型是以经济效益为中心，以农业可持续发展为目标，将农业生产中的主产品或副产品加工增值，从而增加农业产值，并且努力实现生产的产业化，促进产、加、销、贸一体化的农业生产模式，如青储玉米—饲料模式、玉米—猪—肉罐头模式等。

（六）环境治理型

该类型采用生物措施和工程措施二者相结合方法，综合治理水土流失、草原退化、沙漠化及盐碱化等生态环境恶化区域，通过植树造林、改良土壤、兴修水利及农田基本建设等，并配合模拟自然群落的方式，实行乔木、灌木、草结合，建立多层次、多年生、多品种的复合群落生物措施，是生物措施与工程技术的综合运用模式。它包括以下四种模式：

1. 丘陵山区小流域综合治理模式

该模式在水土流失较为严重的地区以植树造林为主要途径，发展林果、养殖等产业，实行小流域的综合治理，改善生态环境，逐步创造良好的农业发展环境。主要采取退耕还林、还草、封山绿化的综合措施，加强对于天然林的保护，集雨灌溉，涵养水源，防水固土，保持土壤肥力。在陡坡地栽种用材林，在缓坡地栽种经济林，在平地搞养殖、经济作物种植及农产品加工。在农牧结合区，采用以沼气工程为纽带的生态农业模式，以农带牧，以沼促粮、草、果种植业，形成了生态系统和产业链合理循环。

2. 盐碱地治理模式

该模式采用打浅井、开深沟、建造人工防护林，引进抗盐碱的豆科牧草发展畜牧业，种植青绿肥增加有机质等。

3. 草地恢复与生态牧业模式

该模式根据草场类型和产草量，确定不同牲畜的种群结构和载畜量，分地区分季节安排牧业生产；退耕还草还牧，提高草地的产草量；缩短育肥周期，养活载畜量和放牧强度；引导牧民从事畜产品加工业等行业。

4. 保护性耕作模式

该模式在保证种子能发芽的基础上尽可能减少土壤耕作，并且用作物秸秆、残茬覆盖地表，同时用化学药物来控制杂草和病虫害，从而减少土壤风蚀、水蚀，提高土壤肥力和抗旱能力。保护性耕作模式是干旱少雨、风蚀严重地区应对恶劣环境的重要模式。

（七）资源开发利用型

该类型主要是分布在山区及沿海滩涂和平原水网地区的荡滩，这些地区农业发展潜力较大，有大量自然资源未得到充分开发或很好的利用。通过因地制宜、全面规划、综合开发，利用改造荒山、荒坡、荒滩、荒水，实行资源开发与环境治理相结合，治山与治穷相结合，可以全面促进环境建设、生产建设和经济建设。该模式适用于农业发展潜力大、生态环境好、资源丰富但并未得到充分开发或利用的地区。

（八）观光旅游型

该类型是运用生态学、生态经济学原理，将生态农业建设和旅游观光结合在一起的良性模式。在效能发达的城市郊区或者旅游区附近，以当地山水资源和自然景色作为依托，以农业作为旅游的主题，根据自身特点，将旅游观光、休闲娱乐、科研和生产结合为一体的农业生产体系。根据农业观光园的应用特点将其分为观光农园、农业公园、教育农园三类。

1. 观光农园型

以生产农作物、园艺作物、花卉和茶等为主营项目，让游人参与生产、管理及收获等活动，还可让游客欣赏、品尝、购买园区的作物。它又可细分为观光果园、观光菜园、观光花园（圃）和观光茶园等，如北京朝来农艺园、河南世锦花木公司等。

2. 农业公园型

把农业生产、农产品销售、旅游、休闲娱乐和园林结合起来的园区称为“农业公园”。这类农园应注重在休闲、旅游、度假、食宿、购物（农产品）、会议与娱乐设施等方面的完善，注重人文资源和历史资源的开发，是一种综合性的农业观光园。例如，湖北宜昌的旅游型景观农业区、四川的九寨沟、浙江义乌的农业现代化示范区以及河南省淮阳市的中原绿色庄园等。

3. 教育农园型

该类型既兼顾农业生产、农业科普教育，又兼顾园林和旅游，故称为“教育农园”。其园内的植物类别、先进性、代表性形态特征和造型特点等不仅能给游园者以科普知识教育，而且能展示科学技术就是生产力的实景；既能获得一定的经济效益，又能陶冶人们的性情，丰富人们的业余文化生活，从而达到娱乐身心的目的。

第三节 观光休闲农业

一、观光农业休闲农业的概念与特点

（一）观光休闲农业的概念

观光休闲农业是利用农村景观、农业活动、农村民俗文化，通过规划和开发，为人们提供集观光、休闲、娱乐、教育和生产等多种功能为一体的农业旅游活动，是一种生态旅游新类型。观光休闲农业发展，将农业观光、农事体验、生态休闲、自然景观及农耕文化等有机结合起来，既满足了城市居民崇尚自然、回归自然、享受自然的需要，又促进了乡村旅游业的崛起。

由于我国的休闲观光农业的起步较晚，目前还存在以下不足：一是缺乏科学规划，现有的观光休闲农业基本上处于乡村和工商业主自发状态，缺少整体规划和科学认证，模式单一、风格雷同，缺少各自独特的创意；二是品位档次不高，经营规模偏小，项目内容单调，具有特色的不多，影响了经济效益的提高；三是管理服务不够规范，管理人员绝大多数是原来的生产、加工、营销的人员，服务人员基本上是向社会招收，缺乏管理经验，整体素质较低；四是政策扶持力度不大，要素“瓶颈”制约了观光休闲农业的发展。

（二）观光休闲农业的特点

观光休闲农业除了像传统农业，具有为城市居民提供粮、菜、果、肉、蛋、奶及木材、日用品等物质产品的基本属性之外，其最大特点是向居民提供的旅游、休闲功能，其休闲功能主要表现出如下五个特性。

1. 观赏娱乐性

其功能主要产生于它的意趣，比如让生活在城市的人离开惯常居住地，到农村休闲度假，了解他们每天都离不开的农副产品是怎样生产和加工制造的；体验千姿百态的绿色植物的形、色、味等多种美感；认识遗传、嫁接、整形等多种手段对各类植物组合的作用等农业生产的情趣。

2. 旅客参与性

就是指让游客参与到农业生产习作中，体验其技艺、乐趣，增长农业知识。其中根据参与的主体和活动的内容又可分为无偿型参与、有偿型参与、品尝型参与、夏令营式参与、娱乐型参与及健身型参与等多种形式。

3. 市场局限性

观光休闲农业主要是为不了解、不熟悉农业生产、农村生活的城市游客服务的，而并不是主要为农民服务的，其客源市场主要是城市居民。因此，项目经营者必须认识这种市场定位的特点，针对这部分市场开辟定点和定时的休闲服务项目，以便发挥最大的市场促销效益。

4. 文化性

观光休闲农业所涉及的动物、植物和人文意义的民风民俗等节事活动，都具有丰富的历史、经济、科学、精神、民俗与文学等内涵。这些素材和有形无形的物质载体是策划、配置观光休闲农业浏览项目的资料库，只要善于挖掘和利用这些要素更多的文化内容，能充分展示这些要素的内涵，就会增强观光休闲农业项目的吸引力，从而产生相应的经济效益。

5. 季节性

尽管科学技术的发展使得农业生产依赖自然环境程度日益弱化，但是气候、季节等自然条件仍然会很大程度地影响农业生产的进程。尤其是对于我国这样一个土地面积广大的国家，不同区域城市周边的农业生产条件存在巨大的差异，所以，依托农业资源开展的观光休闲农业也表现出强烈的季节性和周期性特征。

二、我国观光休闲农业的发展思路

（一）因地制宜，科学规划

发展休闲观光农业需要从长计议、系统筹划，科学制定发展规划。由于各地环境不同，地理因素各异，产业特色有别，因此，在编制规划时，要按照“因地制宜、突出特色、合理布局、和谐发展”和“合理开发、永续利用、保护耕地”的要求，注重区域定位、功能定位、形态定位，避免雷同、重复建设，克服盲目追求高档，贪大求洋，甚至“毁农造景”的现象，做到有序发展、相对集中、有规模开发。休闲观光农业规划要与土地利用总体规划、农业发展规划、城市旅游规划、新农村建设规划相互衔接，确保规划的整体性、前瞻性和延续性。充分利用田园景观、村居民舍、乡土风情、农耕民族文化等资源，将农业生产、生活、生态协调融合，使特色农业得到展示，旅游项目得到发挥，环境保护得到加强，实现人与自然的和谐发展。

（二）注重特色，农旅结合

发展休闲观光农业必须坚持以农业为基础，以农民为主体，农村为特色，把农业产业发展、增加农民收入放在首位。项目建设要突出农味，吃农家饭、住农家屋、干农家活、享农家乐，拓展设施栽培、生态养殖、立体种养、种养加一体化等高效生态农业模式的功能，以达到游客求变、求异、求新、求特、求美的消费心理。休闲观光农业既是“三农”的延伸，又是旅游业空间的拓展，在强调以农为本的同时，也要重视兴旅，灵活运用“农中有旅，以旅强农，农旅结合，强农兴旅”，突出休闲性，增强参与性，体现娱乐性，满足不同消费人群，使游客能真实体验到地道的农家之乐。

（三）加强管理，规范发展

发展休闲观光农业，服务是核心，安全是保证，必须规范内部管理，提高服务质量，确保游客身体健康、生命安全。要制定行业管理标准和服务管理办法，做到有标可查、有章可循，构建完善的质量安全管理体系。结合农村劳动素质培训，对从业人员加强农艺知识、菜肴烹饪、食品卫生、安全生产、诚信意识及森林防火等方面的培训，提高其综合素质和服务水准。积极培育和组建休闲观光农业的行业协会、专业合作社等中介服务组织，增强行业自我服务、自我管理、自我约束、自我发展。业务主管部门要经常开展检查、指导，实行有效的监督管理，及时化解风险，帮助解决困难，真正打造出一批特色突出、经营规范、服务周到、安全卫生，深受游客欢迎的休闲观光农业项目。

（四）优化环境，联动协作

休闲观光农业既是时代发展和社会进步的产物，也是一项系统性极强的工程，需要各级各部门的协调配合、联动协作。财政部门要安排专项资金，列入年度预算，重点扶持特色明显、运行规范、前景广阔的休闲观光农业项目，同时要鼓励引导工商资本、民营资本和外来资本投资开发，建立起“政府扶持、业主为主、社会参与”的投入机制。金融部门要优化信贷结构，把休闲观光农业建设纳入支农重点，适当放宽担保抵押条件，简化审批手续，并给予贷款利率和时间上的优惠。农业部门积极创新土地流转机制，按照“自愿、依法、有偿”的原则，采取转让、出租、互换或入股等形式，推进土地规模经营。国土部门要鼓励开发废弃园地、林地或荒山等，盘活存量土地、对休闲观光农业管理配套设施用地实行用地倾斜，其他有关部门都要按照各自的职能，为休闲观光农业的发展提供强有力的保障。

（五）加强领导，强化宣传

发展休闲观光农业是落实科学发展观、走创业创新之路的有效举措，是发展现代农业、建设社会主义新农村的客观要求，也是促进农业增效、农民增收、农村发展的有效途径。各级各部门一定要统一思想，达成共识，创新思路，精心组织，狠抓落实，进一步加强对休闲观光农业的领导，同时，要加大宣传力度，扩大影响，提高知名度。通过各种新闻媒体，及时报道先进典型，发挥舆论导向作用，营造休闲观光农业发展氛围。通过举办或参与各种节庆、节会等活动，搭建平台、设立窗口，展示休闲观光农业风采，扩大市场有效率。通过项目策划包装，打造精品亮点，实施品牌战略，推进休闲观光农业有序、快速、持续、健康发展。

三、我国观光休闲农业的具体发展方向

（一）依托田园和生态景观

乡村田园生态景观不仅是现代城市居民闲暇生活的向往和旅游消费时尚，也是观光休闲农业赖以发展的基础。因此：①在选址上，首先应要考虑以周边优美的农村生态景观为依托，并且与所规划的观光休闲农业项目特色相匹配。②在规划上，要以农业田园景观和农村文化景观为铺垫。选择园林、花卉、蔬菜和水果等特色作物，高新农业技术，特色农村文化，作为规划的基本元素。③在建设上，既要对农村环境的落后面貌进行必要的改造，也要注意保护农村生态的原真性。

（二）重视休憩和体验设计

观光休闲农业的客源，在节假日主要是近距离城市休憩放松的上班族，上班时间主要为退休人员，当然也有业务洽谈和会议选在生态景观和设施条件较好的观光休闲农业景点进行。去观光休闲农业消遣，已经成为不少城市居民的一种生活方式，因此，策划成功的关键之一是如何处理好“静”和“动”，即养生休闲和运动休闲的关系。休憩节点的设计要“静”，所谓“静”就是田园的恬静和农家的祥和，就是要为人们提供恬静休闲的空间和场所；“动”主要是娱乐游憩或农事体验，要做到“动”的项目寓于“静”的景观之中。这样既能满足城镇居民渴望回归自然、放松身心的休闲需求，又能满足城镇

居民科学文化认知的需要，还能延长游憩时间，增加二次消费。

（三）挖掘民俗和农耕文化

要保持观光休闲农业项目长期繁荣兴盛，就应该在丰富观光休闲农业的文化内涵上下功夫。深入挖掘农村民俗文化和农耕文化资源，提升观光休闲农业的文化品位，实现自然生态和人文生态的有机结合。例如，传统农居、家具，传统作坊、器具，民间演艺、游戏，民间楹联、匾牌，民间歌赋、传说，名人胜地、古迹，农家土菜、饮品，农耕谚语、农具等都是观光休闲农业景观规划、项目策划和单体设计中可以开发利用的重要民间文化和农耕文化资源。

（四）突出特色和主题策划

特色是观光休闲农业产品的核心竞争力，主题是观光休闲农业产品的核心吸引力，要认真摸清可开发的资源情况，分析周边观光休闲农业项目特点，巧用不同的农业生产与农村文化资源营造特色。农村资源具有的地域性、季节性、景观性、生态性、知识性、文化性和传统性等特点，都是营造特色时可利用的特性，要根据资源特性和项目定位，进行主题策划。

第四节 设施农业

设施农业就是运用现代工业技术成果和方法、用工程建设的手段为农产品生产提供可以人为控制和调节的环境和条件，使植物和动物处于最佳的生长状态，使光、热、土地等资源得到最充分的利用，形成农产品的工业化生产和周年生产，从而更加有效地保证农产品的供应，提高农产品质量、生产规模和经济效益，促进农业现代化。

设施农业主要内容是与集约化种植、养殖业相关的园艺设施和畜禽舍的环境创造、环境控制技术及与其配套的各种技术和装备。因此，设施农业又被称为“工厂化农业”。

一、设施农业的概述

（一）设施农业的概念

1. 设施农业概念

设施农业是指在不适宜生物生长发育的环境条件下，通过建立结构设施，在充分利用自然环境条件的基础上，人为地创造适合生物生长发育的生长环境条件，实现高产、高效的现代农业生产方式，包括设施种植和设施养殖。通常所说的设施农业是指设施种植，即植物的设施栽培，是指在采用各种材料建成的，具有对温、光、水、肥和气等环境因素控制的空间里，进行植物栽培的农业生产方法。

设施农业作为农业生态系统的一个子系统，既具有农业生态系统的一般特征，也具有与一般生态系统明显不同的自身特点。一是人的干预和控制性强，包括对种群结构、环境结构、产品形态和流通及采收与上市等都由人干预和控制；二是物资和资金投入大，设施农业是集约化程度非常高的现代农业生产方式，自然要求有大量物质能量的投入；三是具有生态、经济的双重性，属于典型的生态经济系统；四是地域差异性显著。

从长远来看设施农业，一是提高了农产品品质要求。农业由数量型向质量型提高，解决大宗产品结构性剩余矛盾，加快农业产业升级换代依靠设施农业已成为必然措施之一。二是发展现代农业要求，发展高效农业对农业生产管理提出更高要求，农业生产各个环节都要采用现代化手段，实施科学管理，规模集约经营，提高农业设施化、标准化是现代农业的重要内涵。三是出口市场需要。设施农业是破除技术壁垒、绿色壁垒的重要技术手段。四是保护环境，持续发展的需要。

2. 设施农业是个新的生产技术体系

设施农业不等于大田栽培技术的移用，它采用必要的设施设备，同时选择适宜的品种和相应的栽培技术。设施农业是生物、环境、工程三个领域技术的有机集成，生物是核心，环境是载体，工程是基础。设施农业是利用工程技术手段和工业化生产方式，并为植物生产提供适宜的生长环境，使其在最经济的生长空间内，获得最高的产量、品质和经济效益的一种高效农业。设施农业是农业工程学科最具典型的分支学科领域，是依靠科技逐步形成的高新技术产业，是当今世界最具活力的产业之一，也是世界各国用以提供鲜活农产品的重要技术措施。

3. 工业发展和科技进步是设施农业的发展基础

设施农业利用具有特定结构和性能的设施，其通过改变小气候进行农业生产。现代农业设施主要由框架（镀锌钢管等）、覆盖物（玻璃、塑料等）

以及配套设备（加热系统、通风系统、灌排系统、环境调控系统等）等组成。

（二）我国设施农业的研究重点及发展趋势

1. 我国设施农业中应用的现代工业技术

（1）机械技术

育苗播种机械、耕作收获机械、灌溉施肥植保机械、传感执行机械、加温通风设备、预冷储藏设备、包装分级机械、运输机械和基质消毒设备等。

（2）工程技术

建筑结构工程、材料工程（包括温室骨架材料、覆盖材料、工程塑料）和节水及节能工程等。

（3）计算机与自动控制技术

光、温、水、肥与气等因子的自动监控，作业机械的自动化控制等。

（4）信息技术

以产品、市场、技术等为主要内容的网络化管理、模式化运行、远程服务等。

（5）生物技术

生物制剂、生物农药、生物肥料等专用生产资料的制备与生产。

2. 我国设施农业研究重点方向

（1）适宜于不同地区、不同生态类型的新型系列温室以及相关设施的研究开发，提高我国自主创新能力和设施环境的自动化控制技术水平。

（2）设施配套技术与装备的研究开发，包括温室用新材料、小型农机具和温室传动机构、自动控制系统等关键配套产品，提高机械化作业水平和劳动生产率。

（3）温室资源高效利用技术研究开发，如节水节肥技术、增温降温节能技术、补光技术和隔热保温技术等，降低消耗，提高资源利用率。

（4）采后加工处理技术研究开发，包括采后清洗、分级、预冷、加工、包装、储藏和运输等过程的工艺技术及配套设施、装备等，提高产品附加值和国际市场竞争力。

（5）设施栽培高产优质并具有自主知识产权的创新品种选育研究，改变我国设施园艺主栽品种长期依赖国外进口的局面。

（6）设施农业高产优质栽培技术和不同品种、不同生态类型模式化栽培技术研究以及生产安全技术研究，如绿色产品生产技术、环境控制与污染治理技术、土壤和水资源保护技术等。

（7）温室设施与设施农业产品生产标准化研究，包括温室及配套设施性能、结构、设计、安装、建设、使用标准；设施栽培工艺与生产技术规程标准；产品质量与监测技术标准等。

3. 我国设施农业发展趋势

（1）大型园艺设施的比重明显增大，其主要原因是随着设施园艺的迅速发展，设施蔬菜等超时令、反季节园艺产品的季节差价明显缩小，小型设施的单位面积产出率低、比较效益下滑，收益显著低于大型设施，加上作业不便，劳作强度大，逐步富裕起来的农民也需要改善劳动条件。

（2）节能日光温室发展迅猛，加温温室发展缓慢，普通日光温室面积的比重由 70%下降到 34%；而节能日光温室则从无到有，在温室面积中的比重猛增至 61%。

（3）以遮阳网覆盖栽培为主的夏季设施园艺快速发展，20 世纪 80 年代后期，国产耐候塑料遮阳网试制成功，首先在蔬菜生产上进行应用研究和示范推广，并且迅速在花卉和茶叶生产上推广应用。

（4）现代化连栋温室发展加速，20 世纪 70 年代末至 80 年代初，我国从日本、欧美引进的现代化连栋温室，由于使用效果普遍不佳，引进和发展现代化连栋温室开始降温。进入 21 世纪，特别是 2003 年以来，随着创办农业科技示范园区的工作得到各级领导的高度重视，各地发展现代化连栋温室急剧升温，相继大量引进发达国家的现代化连栋温室，同时带动了国产现代化连栋温室制造业的发展。

（5）优质高产栽培和无公害生产技术体系的开发取得可喜进展，80 年代初，我国山西太原曾创造出塑料大棚番茄持续高产的经验，随后河北、山东等地也涌现了一批日光温室蔬菜高产典型，从设施大棚中生产出的无公害、绿色、有机农产品的比例也在逐步增加。

二、设施工厂化育苗

工厂化育苗是以先进的温室和工程设备装备种苗生产车间，以现代生物技术、环境调控技术、施肥灌溉技术、信息管理技术贯穿种苗生产过程，以现代化、企业化的模式组织种苗生产和经营。通过优质种苗的供应、推广提供和使用农作物良种、节约种苗生产成本、降低种苗生产风险和劳动强度，为农作物优质高产打下基础。

（一）工厂化育苗的概况与特点

工厂化育苗在国际上是一项成熟的农业先进技术，也是现代农业、工厂化农业的重要组成部分。工厂化育苗具有以下特点。

1. 节省能源与资源

工厂化育苗又被称为“穴盘育苗”，与传统的营养钵育苗相比较，育苗效率由每平方米100株提高到700 ~ 1000株，能大幅度提高单位面积的种苗产量，显著降低育苗成本。

2. 提高种苗质量

工厂化育苗能够实现种苗的标准化生产，育苗基质、营养液等采用科学配方，实现肥水管理和环境控制的机械化和自动化。穴盘育苗一次成苗，幼苗根系发达并与基质紧密黏着，定植时不伤根系，容易成活，缓苗快，能严格保证种苗质量和供苗时间。

3. 提高种苗生产效率

工厂化育苗采用机械精量播种技术，大大提高了播种率，节省种子用量，提高成苗率。

4. 适于长距离运输

种苗可成批出售，对于发展集约化生产、规模化经营十分有利。

（二）工厂化育苗的场地与设备

1. 育苗场地

工厂化育苗的场地由播种车间、催芽室、育苗温室和包装车间及附属用房等组成。

（1）播种车间

播种车间占地面积视育苗数量和播种机的体积而定。一般面积为$100m^2$，主要放置精量播种流水线和部分基质、肥料、育苗车、育苗盘等。播种车间要求有足够的空间，便于播种操作，使操作人员和育苗车出入快速顺畅，不发生拥堵，同时要求车间内的水、电、暖设备完善，不出故障。

（2）催芽室

催芽室设有加热、增湿和空气交换等自动控制和显示系统，室内温度在20～35℃范围内可以调节，相对湿度能保持在85%～90%范围内，催芽室内外、上下温湿度在允许范围内应相对均匀一致。

（3）育苗温室

大规模的工厂化育苗企业要求建设现代化的连栋温室作为育苗温室。温室要求南北走向、透明屋面东西朝向、保证光照均匀。

2. 育苗主要设备

（1）穴盘精量播种设备和生产流水线

穴盘精量播种设备是工厂化育苗的核心设备。它包括以每小时40～300盘的播种速度完成拌料；育苗基质装盘、刮平、打洞、精量播种、覆盖、喷淋全过程的生产流水线。

（2）育苗环境自动控制系统

育苗环境自动控制系统主要是指育苗过程中的温湿度和光照等的环境控制系统。我国多数地区作物的育苗是在冬季和早春低温季节（平均温度5℃、极端低温－5℃以下）或夏季高温季节（平均温度30℃，极端高温35℃以上），外界环境不适于作物幼苗的生长，温室内的环境必然受到影响。作物幼苗对环境条件敏感、要求严格，所以必须通过仪器设备进行调节控制，使之满足对光、温及湿度（水分）的要求，才能育出优质壮苗。

①加温系统

育苗温室内的温度控制要求冬季白天温度晴天达到25℃，阴雪天达20℃，夜间温度能保持14～16℃，以配备若干台15万千焦/小时燃油热风炉为宜，水暖加温往往不利于出苗前后的升温控制。育苗床架内埋设电加热线可以保证秧苗根部温度在10～30℃范围内任意调控，以便满足在同一温室内培育不同园艺作物秧苗的需要。

②保温系统

温室内设置遮阴保温帘，四周有侧卷帘，入冬前四周加装薄膜保温。

③降温排湿系统

育苗温室上部可设置外遮阳网，在夏季有效地阻挡部分直射光的照射，在基本满足秧苗光合作用的前提下，通过遮光来降低温室内的温度。温室一侧配置大功率排风扇，高温季节育苗时可显著降低温室内的温湿度。通过温室的天窗和侧墙的开启或者关闭，也能实现对温湿度的有效调节，在夏季高温干燥地区，还可通过湿帘风机设备降温加湿。

④补光系统

苗床上部配置光照强度 1.6Lux、光谱波长 550 ~ 600nm 的高压钠灯。在自然光照不足时，开启补光系统可增加光照强度，满足各种园艺作物幼苗健壮生长的要求。

⑤控制系统

工厂化育苗的控制系统对环境的温度、光照、空气湿度和水分、营养液灌溉实行有效地监控和调节。由传感器、计算机、电源、监视和控制软件等组成，对加温、保温、降温排湿、补光和滴灌系统实施准确而有效的控制。

（3）灌溉和营养液补充设备

种苗工厂化生产必须具有高精度的喷灌设备，要求供水量和喷淋时间可以调节，并能兼顾营养液的补充和喷施农药。对于灌溉控制系统，最理想的是能根据水分张力或基质含水量、温度变化控制调节灌水时间和灌水量。应根据种苗的生长速度、生长量、叶片大小以及环境的温湿度状况决定育苗过程中的灌溉时间和灌溉量，苗床上部设行走式喷灌系统，保证穴盘每个孔浇入的水分（含养分）均匀。

（4）运苗车与育苗床架

运苗车包括穴盘转移车和成苗转移车。穴盘转移车将播完种的穴盘运往催芽室，车的高度及宽度应该根据穴盘的尺寸、催芽室的空间和育苗数量来确定。成苗转移车采用多层结构，根据商品苗的高度确定放置架的高度，车体可设计成分体组合式，以利于不同种类园艺作物种苗的搬运和装卸，育苗床架可选用固定床架和育苗框组合结构或移动式育苗床架。应根据温室的宽度和长度设计育苗床架，育苗床上铺设电加温线、珍珠岩填料和无纺布，以保证育苗时根部的温度，每行育苗床的电加温是由独立的组合式控温仪控制；移动式苗床设计只需留一条走道，通过苗床的滚轴任意移动苗床，可扩大苗床的面积，使育苗温室的空间利用率由 60%提高到 80%以上。育苗车间育苗架的设置应当经济有效地利用空间，提高单位面积的种苗产出率，便于机械化操作为目标，选材以坚固、耐用、低耗为原则。

（三）工厂化育苗的管理技术

1. 工厂化育苗的生产工艺流程

工厂化育苗的生产工艺流程分为准备、播种、催芽、育苗和出室五个阶段。

2. 基质配方的选择

（1）育苗基质的基本要求

工厂化育苗的基质材料有珍珠岩、草炭（泥炭）和蛭石等。国际上常用草炭和蛭石各半的混合基质育苗，我国一些地区就地取材，选用轻型基质与部分园土混合，再加上适量的复合肥配置成育苗基质。

穴盘育苗对基质的总体要求是尽可能使幼苗在水分、氧气温度和养分供应方面得到满足。影响基质的理化性状主要有基质的 pH 值、基质的阳离子交换量与缓冲性能、基质的总孔隙度等。

有机基质的分解程度将直接关系到基质的容重、总孔隙度以及吸附性与缓冲性。分解程度越高，容重越大，总孔隙度越小，一般以中等分解程度的基质为好。

不同基质的 pH 值各不相同，泥炭的 pH 值为 4.0 ~ 6.6，蛭石的 pH 值为 7.7，珍珠岩的 pH 值为 7.0 左右。大多数蔬菜、花卉幼苗要求的 pH 值为微酸至中性。

阳离子交换量是物质的有机与无机胶体所吸附的可交换的阳离子总量。高位泥炭的阳离子交换量为 1400 ~ 1600mmol/kg，浅位泥炭为 700 ~ 800mmol/kg，腐殖质为 1500 ~ 5000mmol/kg，蛭石为 1000 ~ 1500mmol/kg，珍珠岩为 15mmol/kg，沙为 10 ~ 50mmol/kg。有机质含量越高，其阳离子交换量越大，基质的缓冲能力就越强，保水与保肥性能亦越强，较好的基质要求有较高的阳离子交换量和较强的缓冲性能。

孔隙度适中是基质水、气协调的前提，孔隙度与大小孔隙比例是控制水分的基础。风干基质的总孔隙度以 84% ~ 95% 为好，茄果类育苗需比叶菜类育苗略高。

另外，基质的导热性、水分蒸发蒸腾总量与辐射能等均对种苗的质量会产生较大的影响。基质的营养特性也非常重要，如对基质中的氮、磷、钾含量和比例，养分元素的供应水平与强度水平等都有着一定的要求。

工厂化育苗基质选材的原则是：①尽量选择当地资源丰富、价格低廉的物料；②育苗基质不带病菌、虫卵，不含有毒物质；③基质随幼苗植入生产田之后不污染环境与食物链；④能起到土壤的基本功能与效果；⑤有机物与无机材料复合基质为好；⑥比重小，便于运输。

（2）育苗基质的合成与配制

配制育苗基质的基础物料有草炭、蛭石和珍珠岩等。草炭被国内外认为是基质育苗最好的基质材料，我国吉林、黑龙江等地的低位泥炭储量丰富，具有很高的开发价值。有机质含量高达37%，水解氮270 ~ 290mg/kg，pH值5.0，孔隙度大于80%，阳离子交换量700mmol/kg，这些指标都达到或超过国外同类产品的质量标准。蛭石是次生云母石在760℃以上的高温下膨化制成，其具有比重轻、透气性好、保水性强等特点，总孔隙度133.5%，pH值6.5，速效钾含量达501.6mg/kg。经特殊发酵处理过后的有机物如芦苇渣、麦秆、稻草、食用菌生产下脚料等可以与珍珠岩、草炭等按体积比混合（1 ∶ 2 ∶ 1或1 ∶ 1 ∶ 1）制成育苗基质。

育苗基质的消毒处理十分重要，可以用溴甲烷处理、蒸汽消毒或者加多菌灵处理等，多菌灵处理成本低，应用较普遍，一般每1.5 ~ 2.0m^3，基质加50%多菌灵粉剂500g拌匀消毒。在育苗基质中加入适量的生物活性肥料，有促进秧苗生长的良好效果，对于不同的园艺作物种类，应根据种子的养分含量、种苗的生长时间，配制时加入。

3. 营养液配方与管理

在育苗过程中营养液的添加决定于基质成分和育苗时间，采用以草炭、生物有机肥料和复合肥合成的专用基质。育苗期间以浇水为主，适当补充一些大量元素即可，采用草炭、蛭石、珍珠岩作为育苗基质，营养液配方和施肥量是决定种苗质量的重要因素。

（1）营养液的配方

在育苗过程中营养液配方以大量元素为主，微量元素由育苗基质提供。

（2）营养液的管理

蔬菜、瓜果工厂化育苗的营养液管理包括营养液的浓度、EC值、pH值以及供液的时间、次数等。而一般情况下，育苗期的营养液浓度相当于成株期浓度的50% ~ 70%，EC值在0.8 ~ 1.3ms/cm之间，配置时应该注意当地的水质条件、温度以及幼苗的大小。灌溉水的 EC 值过高会影响离子的溶解度；温度较高时降低营养液浓度，较低时可考虑营养液浓度的上限。子叶期和真叶发生期以浇水为主或取营养液浓度的低限，随着幼苗的生长逐渐增加营养液的浓度，营养液的 pH 值随作物种类不同而稍有变化，苗期的适应范围为 5.5 ~ 7.0，适宜值为 6.0 ~ 6.5。营养液的使用时间及次数决定于基质的理化性质、天气状况以及幼苗的生长状态。原则上掌握晴天多用，阴雨天少用或不用；气温高多用，气温低少用；大苗多用，小苗少用。工厂化育苗的肥水运筹和自动化控制，应该建立在环境（光照、温度、湿度等）与幼苗生长的相关模型的基础之上。

（四）种苗的经营与销售

1. 种苗商品的标准化技术

种苗商品的标准化技术包括种苗生产过程中技术参数的标准化、工厂化生产技术操作规程的标准化和种苗商品规格、包装、运输的标准化。种苗生产过程中需要确定温度、基质和空气湿度以及光照强度等环境控制的技术参数，不同种类种苗的育苗周期、操作管理规程、技术规范、单位面积的种苗产率与茬口安排等技术参数，这些技术参数的标准化是实现工厂化种苗生产的保证。建立各种种苗商品标准、包装标准、运输标准是培育国内种苗市场、面向国际种苗市场、形成规范的园艺种苗营销体系的基础。种苗企业应当形成自己的品牌并进行注册，尽快得到社会的认同。

2. 商品种苗的包装和运输技术

种苗的包装技术包括包装材料的选择和包装设计等。包装材料可以根据运输要求选择硬质塑料或瓦楞纸；包装设计应根据种苗的大小、运输距离的长短和运输条件等确定包装规格尺寸，包括装潢与技术说明等。

3. 商品种苗销售的广告策划

目前我国很多地区尚未形成种苗市场，农户和农场等生产企业尚未形成购买种苗的习惯，因此，商品种苗销售的广告策划工作是培育种苗市场的关键。要通过各种新闻媒介宣传工厂化育苗的优势和优点，根据农业、农民、农村的特点进行广告策划，以实物、现场以及效益分析等方式把种苗商品尽快推进市场。

4. 商品种苗供应示范和售后服务体系

选择目标用户进行商品种苗的生产示范，有利于生产者直观了解商品种苗的生产优势和使用技术，并且由此宣传优质良种、生产管理技术和市场信息，使得科教兴农工作更上一个台阶。种苗生产企业和农业推广部门共同建立商品种苗供应的售后服务体系，指导农民如何定植移栽穴盘种苗、肥水管理要求，以保证优质种苗生产出优质产品。种苗企业的销售人员应随种苗一起下乡，指导帮助生产者用好商品苗。

第二章 现代农业综合种植基础

第一节 农作物育种与种子生产技术

一、品种与农业生产

（一）品种在农业生产中的作用

作物品种是指人类在一定的生态条件和经济条件下，根据人类自身的需求而创造出的某种作物品种。它具有相对稳定的遗传特性，在生物学、形态学和经济学性状上具有相对的一致性，而且要在一定地区或一定栽培条件下才能够获得高产、优质、高效的产品。种子是一种具有生命力的特殊生产资料，是农业生产中不可替代的必需物质，是实现农作物高产优质的内因，是各项技术措施的核心载体，也更是决定农作物产量和质量的关键因素。良种在农业丰产的所有因素中贡献是最大的，无论原始农业、传统农业、现代农业还是未来农业，都不能离开种子，没有种子，农业生产则无法进行。

种子是农业生产的内在因素。一切增产技术措施和高产指标的提出和实现，都是要基于良种本身所具有的潜力，否则就会脱离实际而变为空想。推广应用良种是提高产量、改善品质的一条最经济、最有效的途径，是促进生产发展的重要条件。

（二）品种的区域化鉴定

品种区域化鉴定是在品种审定机构的统一组织下，将各单位新选育或新引进的优良品种送到有代表性的不同生态地区进行多点、多年联合比较试验，对品种的利用价值、适应范围、推广地区和适宜的栽培技术做出全面评估的过程。它是品种能否参加生产试验的基础，是品种审定和品种合理布局的重要依据，同时也是品种选育与推广中必不可少的环节。

区域试验的任务：鉴定参试品种的主要特征特性；确定各地适宜推广的当家品种和搭配品种；为优良品种划定最适宜的推广区域；了解优良品种的栽培技术；向品种审定委员会推荐符合审定条件的新品种。

区域试验的程序和方法：区域试验的规划设计要求具有代表性、准确性和重复性，试验地的选择应做到有代表性、肥力均匀一致，平坦整齐和试验的安全。田间试验操作技术包括试验实施计划的制订、试验地的准备和播种试验地的管理，观察记载，室内考种和试验总结。生产示范试验是在接近大田生产条件下进行的品种数较少的比较试验，对品种的丰产性、适应性、抗逆性等进一步验证。在生产试验的同时进行栽培试验，对关键性的栽培技术措施进行试验，总结适合新品种特点的配套栽培技术措施，为大田生产制定栽培措施提供依据。

省级和国家级设立的品种审定委员会负责品种审定工作。区域试验网提供区域试验和生产试验中表现优异材料的总结报告，品种审定委员会对达标者进行审定、命名并且确定推广地区。

二、作物育种的理论基础与方法

（一）引种

1. 引种的概念和意义

（1）引种的概念

广义的引种是指从外地或外国引进新植物、新作物、新品种以及和育种有关理论研究所需的各种遗传资源。这些资源经过试验以后，一方面可以把适应当地的优良品种直接推广利用，另一方面可以作为育种的原始材料间接地加以利用。狭义的引种是指从外地或外国引进作物优良品种，在本地经过试验后直接在生产上栽培利用。

（2）引种的重要意义

它是解决生产上所迫切需要新作物和新品种的有效措施。与其他育种方法比较，引种的特点是需要的人力物力少，简便易行，见效快，只要遵循一定原则，两三年即可见效。通过引种可以引进新的种质资源，充实作物育种的物质基础，还可以满足某些基础理论研究的需要。

2. 引种的基本原理和规律

引种并非只是简单地将甲地的品种拿到乙地去种植，这在我国的引种史上曾经有过严重的教训。引种必须遵循一定的程序和规律，首先就要了解有关的基本原理。

（1）气候相似论原理

气候相似论是引种工作中被广泛接受的基本理论之一，其要点是相互引种的地区之间，在影响作物生产的主要气候因素上应该相似，以保证作物品种互相之间引种成功的可能性，也就是说，从气候条件相似的地区引种成功的可能性较大。

（2）生态条件和生态型相似原理

作物生长、发育和繁殖等一切生命活动都离不开环境。研究作物与环境之间相互关系的科学称为“生态学”，因此，对作物的生长发育有明显影响和直接为作物所同化的环境因素就称为“生态因素”。生态因素有气候的、土壤的和生物的等，这些起综合作用的生态因素称为“生态环境”。

生态地区：生态地区是指一个地理范围，即生态环境相同的一个地理区域。对于一种作物来说，具有大致相同生态环境的地区称为“生态地区”。

生态型：一种作物对一定生态地区的生态环境和生产要求具有相应的遗传适应性，便把这种具有相似遗传适应性的一个品种类群称为“作物生态型”。因此，同一作物在不同的生态条件下形成不同的生态型，而同一生态型中包含具有相同遗传适应性的多种不同品种。

作物的生态型按照生态条件一般可以分为气候生态型（温、光、水、热）、土壤生态型（理化特性、pH 值、含盐碱等）和共栖生态型（作物与生物、病虫等），其中气候生态型是主要的。籼稻与粳稻属于两个不同的地理气候生态型（温、冷）；水稻和陆稻分属于两个土壤生态型（水分条件），而早、中、晚稻则属于季节气候生态型（长日照、短日照）。

确切地划分生态型是引种工作的基本依据。引种的成败往往决定于地区之间生态因素的差异程度，决定于生态型的差异程度，一般来说，生态条件相似的地区之间相互引种容易成功。

（3）影响引种成功的主要因素

温度：一般而言，温度升高能促进作物的生长发育，使作物提早成熟；而温度降低会使作物的生育期延迟。但在发育上不同的作物对温度的要求不同，如有些冬性作物品种，像冬小麦、冬油菜、豌豆和蚕豆等作物，在发育早期要求一定的低温条件才能完成春化阶段的发育，否则就不能抽穗开花，或者会延迟成熟。

光照：一般来说，光照充足，对于作物生长有利。但是当作物通过了春化阶段，进入光照阶段时，每日光照时间的长短就成为作物发育的主导因素。从这个意义上说，此时光照的长短对作物的影响比温度更重要，特别是那些对光照反应敏感的作物或品种更是如此。根据作物对光照长短的不同反应，可将作物分为长日照作物、短日照作物和对光照不敏感的中性作物三种类型。北方栽培的作物一般为长日照作物，如小麦、大麦、豌豆、甜菜和油菜等，南方栽培的作物一般为短日照作物，如水稻、玉米、大豆和棉花等。因此，在我国（北半球）长日照作物南种北引，由于光照变长，生育期会缩短，北种南引生育期则会延长；短日照作物，南种北引，由于光照变长，生育期会延迟，反之，北种南引生育期就会缩短。

纬度和海拔：一般情况下，纬度相近的东西地区之间引种，比经度相近而纬度不同的南北地区之间引种成功的可能性大，这实质上也是温度和日照的影响。因为温度和日照是随纬度而变化的，海拔的高低主要是温度的差异。据估计，海拔每升高 100m，相当于提高 1 个纬度，温度会降低 0.6℃，因此，同纬度的高海拔地区与平原地区之间引种不易成功，而纬度偏低的高海拔地区和纬度偏高的平原地区之间相互引种易于成功。例如，北方地区的冬小麦引种到陕西北部往往适应性良好。我国玉米的引种也就是沿着东北到西南这条斜线进行比较容易成功。

3. 引种的程序和方法

在实际工作中，除了要遵循上述这些规律之外，引种还必须按照一定的方法步骤进行。

（1）搜集引种材料

引种材料的搜集，可以到实地进行考察，也可以向产地征集或向有关单位转引。此项工作主要是了解外地品种的选育历史、生态类型、遗传特性和原产地的生态环境及生产水平，首先应从生育期上估计哪些品种类型比较合适。

（2）先试验后推广要坚持先试验后推广的原则

观察试验：将引入的少量种子种成 1 ~ 2 行与对照品种进行比较，初步观察其适应性、丰产性和抗逆性等，选择表现好的种子再进行下一步试验。

品种比较试验和区域试验：将观察试验中表现比较好的种子通过品种比较试验和多点次的区域试验以确定引进品种的使用价值和适应区域。

4. 严格遵守种子检疫制度

引种是传播病、虫、草害的主要途径。在引种工作中必须严格遵守种子检疫制度，一般不能从疫区大量引种，而必要时从疫区引入的少量种子要在检疫区中隔离种植，一旦发现检疫对象要彻底清除，不可蔓延。

5. 引种材料的选择

在品种引入新区后，由于生态条件的变化，有时会出现变异，因此要进行必要的选择。选择分两种情况：一是保持原品种的典型性和纯度，可进行混合选择；二是如果出现优良变异，还可采用单株选择法育成新的品种。

（二）选择育种

1. 选择育种的概念和特点

选择育种是以品种内在的自然变异作为材料，根据育种目标选育单株，从而获得新品种或者改良原有品种的方法。选择育种是作物育种最基本的方法，是自花授粉植物。异常花授粉植物及无性繁殖植物的基本选择方法，其特点是简便易行，快速有效，并不需要人工变异，因而常被育种工作者采用。

2. 选择育种的理论基础——纯系学说

这个学说的要点是：在自花授粉作物原始品种的群体中，通过单株选择可以分离出许多纯系，表明原始品种是多个纯系的混合体，通过个体选择，可把不同纯系分离出来，这样的选择是有效的。在同一纯系内继续选择是无效的，因为同一纯系内个体间的基因型是相同的，所表现出的表型变异是由环境条件引起的不可遗传的变异。

在纯系学说中，约翰逊首次提出了遗传的变异和不遗传的变异。要区分这两种变异必须通过后代鉴定的方法，长期以来，这一学说一直被用作系统有种的理论基础。

3. 品种自然变异的原因

纯系品种在生产上种植几年以后，总会发现品种中出现新的变异。一般来说，品种遗传基因发生变异有以下两个方面的原因：

自然异交引起基因重组：作物品种在繁殖推广和引种过程中不可避免地会发生异交，使后代产生重组基因型，出现新性状。

自然突变产生新性状：自然突变包括基因突变和染色体突变。作物品种在繁殖的过程中，由于环境条件的作用，如温度、天然辐射和化学物质等不同因素影响都会导致突变的发生。新品种性状的继续分离产生变异体，新品种育成时并非绝对的纯系，只要它在主要农艺性状上符合生产要求就可在生产上大面积种植。因此，在开始推广后，新品种仍然会出现分离现象，特别是那些微小基因控制的数量性状，其中很可能产生有价值的变异。

4. 性状的鉴定与选择

选择育种是以选择为手段而育成新品种的育种方法，因此，选择的方法和效率就决定了育种的成败。在作物育种中，选择是指从具有变异的群体中，根据表现型把优良变异个体从群体中分离出来，使优良性状稳定地遗传下去。选择是任何育种方法创造新品种和改良现有品种都不可缺少的重要工作环节，鉴定是选择的依据，而且贯穿整个育种工作的全过程。选择的效率主要取决于鉴定的手段及其准确性，因此，选择与鉴定的方法和效率对育种工作具有十分重要的意义。

（1）选择的基本方法

选择的方法有许多种，但基本方法只有单株选择和混合选择两种，其他方法都是由这两种方法演变而来的。

单株选择法：单株选择也叫“系统选择”或“个体选择”，是一种基因型的选择方法。其方法是，根据育种目标从原始群体中按表现型选择优良单株（单穗或单铃），然后以单株为单位脱粒保存，下一年将每一单株的种子种成 1 行或 1 个小区域，称为“穗行”或“株行”，同时种上对照品种进行比较，最后选出整齐一致的优良穗行，单株选择还依其后代是否发生分离，分为一次单株选择和多次单株选择。此法不仅适用于系统育种，还适用于杂交育种和选育自交系等其他的育种方法。

混合选择法：混合选择法是根据育种目标，从群体中按表型选择优良单株，然后将当选的若干单株混合脱粒保存，次年将混合脱粒的种子种成小区域，同时种上对照进行比较，进而选出优良的混合群体，显然，由于混合选择法没有单株后代鉴定的过程，因此属于表现型选择。混合选择法也依其选择效果，分为一次混合选择和多次混合选择。

（2）鉴定的方法与效率

根据鉴定的性状、条件和场所以及鉴定的手段，可将鉴定的方法分为如下类别：

直接鉴定与间接鉴定：依据鉴定性状的直接表现进行鉴定被称为“直接鉴定”，而依据与鉴定性状相关的另外的性状表现进行鉴定则称为“间接鉴定”。例如，鉴定玉米籽粒中的赖氨酸含量，如果将籽粒磨碎，用化学的方法直接测定赖氨酸含量就是直接鉴定。但是由于高赖氨酸含量具有籽粒暗淡不透明的特征，因此，用籽粒暗淡不透明的特征来鉴定高赖氨酸的含量，此法即为间接鉴定。

田间鉴定与室内鉴定：这是依据鉴定的性状适合的场所而划分的。田间鉴定是指在田间栽培的条件下，对育种材料进行特征、特性的直接鉴定。有些性状必须在田间鉴定，如生育期、整齐度以及分蘖习性等，但有些性状则必须在实验室鉴定，如谷类作物的蛋白质含量、油料作物的油分含量等。此外，考种工作，如穗粒数和千粒重等的鉴定也要在室内进行。

自然鉴定与诱发鉴定：自然鉴定是在田间的自然条件下进行鉴定。但是有些性状表现要求的环境条件不是每年或每个地区都能存在的，如作物的抗病性、抗虫性以及一些抗逆性等，这也就需要人工模拟危害条件进行鉴定，来以便提高育种工作效率。这种在人工模拟创造的环境条件下所进行的鉴定就是诱发鉴定。

当地鉴定与异地鉴定：育种材料更经常的是在当地进行鉴定，但有时也需要异地鉴定，当地鉴定主要是一些抗性，如抗病性、抗旱性与抗寒性等。当有些需要人工模拟的环境条件不易或不便于人工诱发时，可将育种材料送到适宜地区进行鉴定，这就是异地鉴定。异地鉴定对个别灾害的抗耐性往往是有效的，但不宜同时鉴定其他性状。

鉴定是进行有效选择的依据，应用正确的鉴定方法才能准确地鉴别育种材料的优劣，有效地做出取舍。要提高育种效率和加速育种进程，鉴定的方法越快速简便、越精确可靠，其选择的效果就越高。

5. 选择育种的方法与程序

（1）系统育种

选择优良变异单株：从大田种植的推广品种原始群体中选择符合育种

目标的若干个变异个体，后代按照单株选择法处理。

株行比较试验：将上年当选的优良单株分别种成株行，同时设置对照。通过田间和室内鉴定，选出优良株行，进而繁殖成株系，整齐一致的优良株系可改称品系，参加下一年的品系比较试验。

品系比较试验：当选的品系种成小区，同时设置重复和对照品种，从中选出达到育种目标的优良品系参加下一个试验程序。品系比较试验一般要连续进行 2 年。

区域试验和生产试验：主要是鉴定新品系的丰产性、适应性和稳定性并确定其适宜推广的地区。

品种审定与推广：当上述程序完成后，报请农作物品种审定委员会审定、命名、推广。

（2）混合选择育种

选择单株混合脱粒：按照育种目标的要求，从原始品种群体中选择一批优良单株，经过室内鉴定后混合脱粒供下一个试验程序使用。

比较试验：将上年当选的若干单株的混合种子和原品种种子种成相邻的试验小区，通过比较确认选择群体是否优于原品种。

繁殖推广：对于优于原品种的改良群体扩大繁殖，首先应在原品种的适宜地区大面积推广。

（3）混合选择育种的衍生方法

①集团混合选择育种

当原始品种群体中具有几种符合育种目标的类型时，将中选单株按不同性状表现分成若干个集团，然后以每个集团的混合种子为单位进行下一程序的试验。

②改良混合选择育种

此法采用单株选择、分系比较、淘汰劣系及优系混合的方法获得混合选择群体，然后再与原品种进行比较。

（三）杂交育种

1. 杂交育种的概念与意义

杂交育种是利用同一物种内不同基因类型的品种进行类型间杂交，使杂种后代产生多种基因型变异，再通过一系列纯化和选择程序，从中选择表现优良基因型纯合的系统而培育成新品种的育种方法。杂交育种法是目前国内外各种育种方法中应用最普遍，成效最大的育种方法，目前各国生产上应用的主要作物品种绝大多数是采用杂交育种法育成的。

2. 杂交育种的基本原理

选育作物新品种本质上是要改造作物的遗传基础，创造新的基因型。从遗传上看，作物的品种或类型之间存在着不同程度的基因型差异。杂交育种正是利用了这种差异，通过两个或多个基因型有差异的亲本杂交，使其后代产生大量的重组基因型，其中会出现综合双亲优点而又克服其缺点的优良基因型，甚至还会出现超过亲本的新性状。杂交育种的原理就是基因重组，因此，杂交育种也称“重组育种”。其主要有下列 3 种情况：

（1）基因重组综合双亲优良性状

选用遗传结构不同的亲本杂交，通过基因的分离与重组则可以综合双亲的优良性状，育成集双亲优点于一体的新品种。

（2）基因互作产生新性状

遗传试验表明，有些性状的表现是不同显性基因相互作用的结果。因此，可通过基因重组，使分散在不同亲本中的不同显性基因相互结合，产生不同于双亲的新性状。

（3）基因累积产生超亲性状

这是基于数量性状的多基因遗传基础。由于基因重组，可将控制不同亲本同一性状的不同基因，在新品种中累积起来，产生超亲现象，使作物的某一性状得到加强。例如，在生育期方面，可选出比早熟亲本更加早熟的新品种。

3. 杂交亲本的选配

在杂交育种中，根据育种目标和已掌握的原始材料，正确地选择亲本并合理地配置组合称为亲本选配。

亲本选配是杂交育种成败的关键，将直接关系到杂种后代能否出现优良的变异类型，能否选出好的品种。育种的实践表明，亲本选配是比较复杂的，一个优良的杂交组合，往往能分别在不同的育种单位育成多个优良品种，而其他组合，由于亲本选配不当，虽然也经过了精心选育，却不易选出优良品种来。

由于杂交育种是不同基因型的亲本杂交后，从基因重组产生的多种基因型中选择优良的纯合体，因此，杂交亲本必须提供育种目标改良性状所需要的基因，但实际上，亲本在提供所需优良基因的同时，也携带一些不良基因。所以在亲本选配上，如何选择既能使后代保持并提高其优良性状，又能克服其缺点的亲本组合是亲本选配的核心问题。

4. 亲本选配的基本原则

亲本应具有较多的优点，主要性状突出，缺点少，又较易克服，亲本间最好没有共同的缺点。这是因为一方面，作物的许多经济性状属于数量性状，杂种后代的性状表现与亲本值密切相关；另一方面，育种目标总是要求多方面的综合性状，如果亲本都是优点多，缺点少不突出且能互相取长补短，这样在杂种后代出现优良性状值高而且综合性状好的基因型的概率就大。

此外，亲本间既要有性状互补，也不能有太多的互补，以免影响后代优良基因型的分离比率。

亲本之一最好是适应当地条件，综合性状较好的推广品种，这是因为当地推广品种对当地的自然条件具有良好的适应性，且综合性状好。

亲本间在生态类型和亲缘关系上要有差异。不同生态类型，不同地理来源和不同亲缘关系的品种间，由于遗传基础差异较大，杂种后代分离范围广，易于提供选择的变异类型，但这种组合方式分离世代长，育种年限延长。亲缘关系近的亲本间杂交，后代分离范围小，变异类型少，但分离的时间短。选用哪种亲缘关系的材料作亲本，主要还是要看育种目标的需要，如果亲缘关系近的材料中具有育种目标所需的性状，那就没有必要去寻找亲缘关系远的材料作杂交亲本。

选用一般配合力好的材料作亲本。配合力分为一般配合力和特殊配合力，这一概念最初是在选育玉米杂交种时被提出来的，目前已在自花授粉作物和常异花授粉作物的杂交育种中应用。一个优良品种常常是一个好的亲本，但育种的实践表明，并非所有的优良品种都是好的亲本，好的亲本也并非都是优良品种。一个亲本品种配合力的好坏，并不是依据品种本身的直接性状表现来评价的，而是需要通过与其他品种杂交后，依据杂种后代的表现才能反映出来。因此，在亲本选配时，除了注意品种本身的优缺点之外，还要通过杂交实践积累资料，以便了解品种的一般配合力。

5. 杂交方式

根据育种目标的要求，在一个杂交组合里选用几个亲本，各个亲本的配置称为“杂交方式”，杂交组合是指参与杂交的不同亲本组成。

（1）单交（成对杂交）

用两个亲本进行一次杂交的杂交方式称为“单交”或“成对杂交”，以 A×B 或 A/B 表示，写在前面的 A 亲本为母本，后面的 B 为父本。在杂交组合后代中，A 和 B 的遗传组分各占 50%。单交因其只进行一次杂交，简便易行是最基本，也是最常用的杂交方式。如果选用两个亲本即可满足育种目标的要求，一般都采用单交方式。

单交有正反交之分，正反交是一对相对概念，如果称 A/B 为正交，则 B/A 就是反交。如果没有细胞质基因控制的性状，正反交的效果是一样的。但如果育种目标涉及细胞质控制的性状，如小麦的抗寒性，最好正反交的组合都要做。

（2）复交

复交是复式杂交或者复合杂交的简称，是指选用 3 个或 3 个以上亲本，进行 2 次或 2 次以上杂交的方式。其特点是把未稳定的杂种进行再杂交，用来进行再杂交的亲本可以是杂种也可以是稳定的品种。

三交：先用两个亲本杂交获得 F1，然后用第三个亲本与之进行再杂交。可用（A×B）×C 或 A/B//C 表示。由于杂交中亲本使用的顺序不同，各亲本在复交组合中的遗传贡献是不一样的，因此，要将综合性状好的亲本放在最后一次杂交中，以便增强杂交后代的优良性状。

双交：双交是指用两个单交的 F1 进行再杂交的杂交方式。参与杂交的亲本可以是 3 个，也可以是 4 个，分别以（A×B）×（A×C）和（A×B）×（C×D）或 A/B//A/C 和 A/B//C/D 表示。

上述的 3 亲本三交方式和这里的 3 亲本双交方式，在杂种后代中 3 个亲本的核遗传组分所占比率是一样的，但选择效果和育种进程具有一定差异。

四交：选用 4 个亲本进行杂交，可以是双交方式，如（A×B）×（C×D），也可以是 4 个亲本先后杂交，[（A×B）×C]×D 或 A/B//C/3/D（3 代表杂交的总次数）。

复交还可以有更多亲本杂交的方式，如五交、六交和七交等，还可以有一些特殊形式。

（3）聚合杂交

当选用少数亲本不能满足育种目标要求时，就可采用多亲本的聚合杂交，将多个亲本的优良性状聚合在一起。如 8 个亲本的聚合杂交：

第一次杂交：A/B，C/D，E/F，G/H，组配成 4 个单交组合；

第二次杂交：A/B//C/D，E/F//G/H，组配成 2 个双交组合；

第三次杂交：A/B//C/D/3/E/F//G/H，组配成 8 个亲本的杂交组合。

（4）回交

回交是杂交种与亲本之一进行再杂交的杂交方式。常用于改良只有个别缺点的优良品种，同时还可用于转育不育系和恢复系等。

6. 杂交种后代的选择

正确地选择亲本并且采用合理的杂交方式获得了杂交种子，这仅仅是创造变异的基础工作，为育种目标的改良性状提供了必要的基因。而更重要的大量工作，是在杂交后代的分离群体中，通过连续的选择、培育、比较和鉴定，选出符合育种目标的优良纯种个体，从而育成新的品种。因此，在杂交育种中，亲本选配是基础，选择是关键。

对于杂交种后代的选择要在培育的基础上进行。培育条件对选择效果影响很大，对于同一组合的杂交种后代而言，它可以分离成多种多样的基因型，而每一种基因型的表现都离不开相应的环境条件，“没有千斤的地力，就选不出千斤的品种”。如果杂交种后代具有优良的遗传基因，而没有适合的培育条件，优良性状就不能得到充分的表现，选择也不易取得成效。

杂交种后代的选择方法很多，但其主要方法还是系谱法和混合法。这两种方法是杂交种后代选择的基本方法，也是最常用的方法，在此基础上还有多种改良方法。

（1）系谱法

①系谱法的要点

自从杂交种第一次分离世代（单交 F2、复交 F1）开始，每一世代均按单株选择法进行选择并予以编号，直至选到性状表现整齐一致的优良系统，然后按系统混合收获参加下一个试验程序。

②各世代的工作要点（以单交种为例）

杂种一代（F1）：按照组合依据 F2 的需种量来确定种植株数。一般不选择单株，但要种植和亲本对照，以便去掉伪杂种并淘汰有严重缺点的组合，成熟后，以组合为单位混合收获真正的杂种植株的种子，编号保存。

杂种二代（F2）：按杂交组合点播，单株选择。F2 是性状开始分离的世代，也是分离范围最广的世代，其群体的大小与优良单株出现的概率有关，种植的单株数目不宜太少。一般小株作物应种到 2000 ~ 6000 株，其原则是：①育种目标要求面广的要大些；②多亲本复交的后代要大些；③ F1 评定为优良组合的应大些；④ F1 表现较差但又没有把握淘汰的群体可小些。

选择的原则是依据育种目标先比较组合的优劣，然后在优良的组合中选择优良单株。这一代选择的重点是受到环境影响比较小的性状，即遗传力高的性状，如抽穗期、开花期和早熟性等，以及某些由主效基因控制的抗病性等，对这些性状的选择要从严；面对遗传力较低的易受环境影响的性状，如单株产量和穗粒数等，可放宽选择标准。

选株的数量可依据育种目标性状的遗传特点和 F3 需种植的系统数来确定，每个组合可选几株、几十株或几百株、育种目标要求综合性状良好的组合应该多选。收获时按单株收获并编号。

在 F2 以及以后各代也都要种植亲本和对照，以供选择时参考。

杂种三代（F3）：将 F2 中选单株按组合排列，每个单株种成一个小区（株行），一般为 1 ~ 2 行。这时，每一个小区即每个中选的 F2 单株的后代（F3 各株）称为一个系统或株系。

F3 系统间性状差异表现明显，但绝大多数系统内仍然有广泛分离，继续选择单株仍然是重要的。

这一代选择的方法是先在优良的组合中选择优良系统，再从优良的系统中选择优良单株。每个系统中一般可选择 5 ~ 10 株，入选株按系统分株收获，分株脱粒、延续编号、保存。如果有个别表现突出并且稳定的株系，可在选株后将其余植株按系统混合收获，提前参加下年的产量试验。

杂种四代（F4）及其以后各世代：选择方法与 F3 基本相同。

③选择的依据和效果

遗传力与世代的关系：不同性状在同一世代遗传力不同，同一性状在不同世代遗传力不同。

生育期、株高和抗病性等遗传力较高，千粒重及穗粒数中等，每株穗数、单株穗重、产量较低。因此，遗传力较高的性状应在早代选择，遗传力低的性状要在晚代选择，因为遗传力随着世代的增加而增高，这样的选择方法可靠性大，效果好。

个体与群体的关系：就同一性状而言，在同一世代，依据单株的表现进行选择，遗传力最小，可靠性最低；依据系统选择次之；依据系统群选择遗传力最高，其可靠性也最高。

（2）混合法

混合法是在杂种分离的世代按组合种植，不进行选择直到估计杂种后代群体中纯合率达到80%以上时（F5 ~ F8），再进行1 ~ 2次单株选择，下一代建立系统（种成株系），最后选出优良系统进行升级试验。

显然，混合法分为两段：前一段（F2 ~ F4），通过自交使个体基因型纯合；后一段（F5 ~ F8），通过单株选择获得纯系。此法适用于自花授粉作物，混合法群体要大，代表性要广，在收获和播种时每个世代尽可能包括各种类型的大多数植株。到选择单株世代，选择的单株数量尽可能多，甚至可以选择几百乃至上千，选择无须过严，主要是靠下一代的系统表现严格淘汰。

（3）其他衍生的方法

从系谱法和混合法的比较可见，两种方法各有优缺点。为了利用它们的优点，克服其缺点，在两种方法的基础上，又衍生出了许多其他方法，在育种的实践中，可依据具体条件灵活应用。

①衍生系统法

衍生系统法是在F2或F3进行一次单株选择，其单株的后代分别被称为“F2衍生系统”或“F3衍生系统”。以后各世代只选择系统不选单株，在保留的优良系统中，只淘汰劣株，其余按系统混合收获，混合种植，不进行选择，直到性状趋于稳定时（F4以后），再进行一次单株选择，次年种成系统，最后选出优良系统升级到产量比较试验。

衍生系统法的优点是：早代利用了系谱法的优点，对质量性状进行了定向选择，而晚代又利用了混合法的优点，对于数量性状进行了选择。

②单粒传混合法

此法一般是从 F2 代开始，每一世代在仅仅淘汰属于简单遗传的不良性状的基础上，按照组合每株采收一粒（或几粒）种子与下一代混合繁殖，直到 F5 ~ F6 再进行选株，次年种成株系，选择优良株系进行产比。

单粒传混合法认为，杂种后代的株间变异大于株内变异。为了最大限度地保存变异量，克服自然选择的不良作用，同时缩小规模，应该采用每株采收等量种子的方法进行加代。

③集团混合法

在 F2 代，根据表现较明显的一些主要性状，如生育期和株高等，将每个组合按类型分为若干个集团，以后世代按集团混合种植，直到性状稳定时再从各集团中选择单株建立系统，选择优良系统进行产量试验。

集团混合法具有混合法保持丰富变异类型的优点，同时又克服了混合法不同类型之间相互干扰的缺点。

7. 回交育种

（1）回交育种的基本概念

回交是指两个亲本杂交产生的杂种，与亲本之一进行再杂交的杂交方式。当生产上推广的某一品种综合性状比较好，只存在个别性状需要改良时，就可以考虑采用回交育种的方法。回交育种法属于杂交育种，但是此法在品种改良中具有独特的作用。

回交育种法就是根据育种目标的要求，选择适宜的轮回亲本和非轮回亲本杂交，然后再经过多次回交后，并经自交选择育成新品种。

轮回亲本（多次亲本、受体亲本）是指在回交育种中多次使用的亲本；非轮回亲本（一次亲本、供体亲本）是指在回交中只使用一次的亲本。

（2）回交育种的特点

①预见性高，方法简便，收效快

当生产上应用的某一品种优良性状比较全面，只有一两个缺点需要改良时，则可采用回交育种法。例如，一个综合性状优良的丰产品种，只有不抗病这一个缺点，为了改良该品种的抗病性，又需要保留其他全部优良性状，用回交改良法是很有效的。

例如，丰产品种为轮回亲本时，以抗病品种为非轮回亲本，在两亲本杂交后，再经过几次回交便可以获得符合育种目标的新品种。

②用于选育不育系、恢复系或转育标记性状

在下面要讲述的杂种优势利用中，用作杂种亲本的不育系、恢复系主要是用回交法育成的。如果利用标记性状生产杂交种子，首先必须使亲本之一具有标记性状，这种标记性状也要通过回交转育的方法获得。

③用于远缘杂交育种

在远缘杂交育种中，常常会遇到远缘杂种不育和杂种分离世代过长的困难，而回交是克服远缘杂种不育和分离世代过长的有效方法之一。

④培育近等基因系

为了研究在相同遗传背景下不同基因的作用，可用回交法将不同基因转育到同一轮回亲本中去，育成分别具有个别基因的近等基因系。通过在相同遗传背景下的相互比较，正确地鉴定不同基因的作用，多系品种就是用此法育成的。

⑤可异地、异季进行，能加快育种进程

回交育种的选择主要是针对需要转移的目标性状进行。因此，只要这个目标性状得到发育和表现，在任何环境条件下均可以进行回交，这就有利于利用温室、异地或者异季种植，加速育种进程。

（3）回交育种的程序与技术

在回交育种的程序中一般包括杂交、回交和自交3个步骤。在回交程序完成后，对新育成的品系还要进行必要的产量比较试验，在确定有利用价值后，才可用于生产，对于需要审定的作物品种，还要按规定的试验程序进行必要的试验。

三、种子生产技术

（一）品种的混杂与退化

优良种子标准包括：纯度高、饱满、发芽率高；发芽势好及带病虫害少。

1. 品种混杂与退化的区别与联系

品种混杂是指一个品种中混进了其他品种。品种退化是指品种性状变劣的现象，即品种的生活力降低，抗逆性减退，产量和品质下降。混杂容易引起退化并加速退化，退化又必然表现混杂，即混杂是退化的原因，退化是混杂的结果。

2. 品种混杂与退化的原因

（1）机械混杂

在种子工作的各个环节中，由于条件限制或人为疏忽，导致不同品种种子混杂的现象称“机械混杂”。机械混杂不但是造成品种混杂退化的主要原因之一，也是当前生产上普遍存在的现象。

（2）生物学混杂

隔离条件以及去杂去劣不及时、不严格、不彻底，造成异品种花粉传入引起天然杂交，导致品种出现了不良个体，破坏品种的一致性，使品种纯度和种性降低的现象称为“生物学混杂”。各种作物都可能发生生物学混杂，但在异交和常异交作物上比较普遍存在且严重，发生生物学混杂后可能导致性状分离，因而出现各种类型变异株。

（3）品种本身遗传特性发生累积性变化和自然突变

一般说来，一个常规品种（或自交系）是一个纯系，但完全的纯系是不存在的，即使是同一作物品种，其不同植株个体间在遗传上总会有或大或小的差异。随着品种在生产上使用年限的延长，这些差异会逐渐积累，使品种不断地由纯向杂转化，这种变化达到一定程度后，品种可能丧失使用价值。

（4）品种本身遗传特性改变

一个品种推广后，由于受到各种自然因素的影响，有可能发生各种不同的基因突变，在优良品种群体中出现变异株，造成品种的混杂退化。

（5）不正确的人工选择

在良种繁育过程中，如果对食品品种的特征特性不了解，进行不正确选择，也会造成品种混杂退化。

3. 品种防杂保纯的措施

（1）严防机械混杂。

（2）防止生物学混杂，合理隔离，严格去杂。隔离方法通常有空间隔离、时间隔离、屏障隔离。

（3）及时去杂、去劣和正确地选择。

（4）建立种子田制度。

（二）加速良种繁育的方法

良种，亦称“大田用种”或“生产用种”。常说的良种有两层含义：

一是优良品种；二是优良种子，即优良品种的优良种子。具体地说是指用常规种子繁殖的纯度、净度、发芽率、水分四项指标均达到良种质量标准的种子。

1. 提高繁殖系数

种子的繁殖系数也就是种子繁殖的倍数，用产量为播种量的倍数表示。提高繁殖系数的方法有三类，既可单独使用也可结合使用。

（1）稀播精管

以最少的播种量，达到合理的成苗株数，获取最佳的经济效益。在我国有精量、半精量播种、点播或者单本栽插等方法，通过精细管理，壮个体、建成合理群体，提高产量和繁殖系数。

提高种子质量：清选、晾晒、拌药、包衣和催芽等。

细整地精播保全苗：要争取一播全苗，整地要深、透、细、平，土壤湿润，播深一致，覆土严密。

（2）剥蘖移栽

具有分蘖习性的作物，如小麦，水稻，采取一次剥蘖分植，或者延长营养生长期，多次剥蘖繁殖，少量的种子，便可以达到很高的繁殖系数。

（3）营养繁殖

营养繁殖或称“芽栽繁殖”，其狭义是指利用块根、块茎类作物的不定芽育苗移栽。广义而言是指充分利用无性繁殖器官的繁殖习性，提高繁殖系数。

2. 一年多代

一年多代即选择光温条件可满足作物生长发育的地区或季节进行冬繁或夏繁，一年多代的主要方式是异地异季繁殖。春、夏播作物（稻、玉米、棉花、大豆等）可在海南省三亚市、崖州县、陵水和乐东县一带进行秋、冬繁殖。玉米 11 月 15 日左右播种，水稻 12 月底左右播种。北方冬小麦可到云贵高原夏繁，再到海南冬繁，南方的春小麦可到黑龙江春繁。

第二节 设施农业技术

一、温室大棚

中国是农业大国，改革开放以来，国家一直致力于推进农村改革，发展现代农业。设施农业是现代化农业的显著标志，是现代化农业的重要组成部分，是农业高新技术的象征，而温室工程又是设施农业的重要组成部分，是现代农业最重要的载体。

温室大棚采用透光或者半透光覆盖材料为全部或部分围护结构，具有一定的环境调控功能，用于抵御不良天气条件，给作物提供正常生长发育环境条件的农业设施。温室大棚综合了应用工程装备技术、生物技术和环境技术等，按照植物生长发育所要求的最佳环境，进行作物的现代化生产。

（一）温室大棚分类

温室大棚是温室和大棚的统称。温室比大棚在功能上有所提升，设施结构复杂，冬天能够保温，而大棚本意指有支撑结构和透光、半透光覆盖材料地栽保护设施，其设施结构相对简单，夜间保温性差，建造成本较低，但由于我国纬度跨度大，这类设施形式变化多样，现在对两者并不严格区分。

温室大棚按连接形式与规模可以分为单栋温室与连栋温室，按建造材料可分为竹木结构大棚、水泥架结构大棚、钢结构大棚和有机材料结构大棚等，按用途可分为塑料大棚、塑料中小拱棚、日光温室和玻璃温室等。

1. 单栋温室与连栋温室

温室根据平面布局和结构组合形式分为单栋温室和连栋温室。单栋温室又称“单跨温室”，指仅有一跨的温室，部分塑料棚和日光温室等都属于单栋温室，通常采用单层薄膜覆盖。两跨及两跨以上，通过天沟连接中间无隔墙的温室，称为“连栋温室”。

连栋温室具有土地利用率高、室内机械化程度高、单位面积能源消耗少、室内温光环境均匀等优点，更符合现代化设施农业的发展要求，满足未来设施农业融入高科技发展的需求，也是现代机械化农业必然的发展趋势。

2. 塑料棚、日光温室与现代连栋温室大棚

习惯上温室大棚常常按用途进行分类，包括塑料棚、日光温室及现代温室连栋大棚等。

（1）塑料棚

塑料棚按高度分为塑料大棚、塑料中棚与塑料小棚。

塑料小棚：也称“小拱棚”，由拱棚架和塑料薄膜组成，棚高一般 0.6m 左右，棚宽 1.2 ~ 1.4m，拱棚架材料为竹条、竹竿等。小拱棚矮小，升温快，但棚内温度和湿度不能调节，一般是用于春冬季育苗和春秋季瓜类、蔬菜的栽培。小拱棚建造成本低，待温度升高后可拆除，小拱棚的拱架也可用钢管或 PVC 管等材料制作成永久结构，温度升高后只需拆除塑料薄膜。

小拱棚内可铺设地膜和加温电线提高地温。

塑料拱棚：一般棚高 1.5m 左右，棚宽 4m 左右，适于育苗与栽培，人可以在里面操作，性能优于小拱棚。

塑料大棚：塑料大棚的尺寸根据场地来进行设计，一般棚长 20 ~ 30m，棚宽 6 ~ 8m，多为半圆拱形，肩高 1m 以上，棚高 2m 以上，拱架间距 0.6 ~ 0.8 m。塑料大棚的密闭性较好，保温性能好，冬季可增加保温设施，人可在里面方便操作，适合育苗、春提早和秋延后蔬菜栽培。

塑料大棚也可以做成双栋和多栋的连栋形式。每栋的建造规格与单体大棚相似，两栋间以棚肩相连。塑料连栋大棚的面积大，温度和湿度比单体大棚更加稳定，在里面进行生产操作比单栋大棚更方便。

（2）日光温室

日光温室是在我国北方地区使用较多的简易温室设施，又被称为“暖棚”。日光温室为节能型单栋温室，由我国独创的具有鲜明中国特色的种植设施，是我国北方地区独有的越冬生产的主要设施，也是目前我国北方农村庭院建造的主要温室类型之一。

日光温室由采光的前坡面、后坡面和维护墙体组成。日光温室的三面为围护墙体，前坡面的覆盖材料一般为玻璃或塑料薄膜，前坡面日落后用保温被或草帘等柔性材料覆盖，日出后收起。日光温室最突出的优点是保温性能好，冬季不需要使用加温设施，节能效果显著，建造投资较低，有些材料也可就地取材，总体经济效益较好，但是土地利用率较低，管理不太方便。

（3）现代温室连栋大棚

现代温室连栋大棚的尺寸较大，一般采用钢架支撑结构，围护结构采用玻璃、PC板等，覆盖材料为EVA、PE、PVC膜，单跨6 ~ 8m，开间4 ~ 8m，棚高5m左右，滴水高度3m左右，宽度可达到80m，长度可达100 m。现代温室连栋大棚具有风机水管系统，通过排风机、通风机和水帘降温设施利用水蒸发散热的原理降温，还具有内外双层遮阳控制系统，夏季能够使直射阳光转化成漫射光，避免强光灼伤作物。智能化的大棚具有基于物联网的控制系统，能够实时远程获取各种环境参数，通过专家系统模型分析，调控温度、湿度、CO_2浓度和光强度等，并能通过远程PDA、PC或手机监控。

（二）温室大棚的结构

我国纬度跨度大，由南向北，保温显得十分重要；由北向南，通风与降温显得十分重要。北方大棚体积较大，一般单个大棚占地0.5 ~ 1亩，往南则温室具有缩小的趋势，一般南方地区单个温室的面积为0.3亩左右。

具体施工往往是采用地方标准或企业标准进行。

1. 塑料温室大棚基本构造

塑料大棚可采用竹木、水泥、钢管作为支撑件，其中钢筋结构大棚为目前的主流，它的耐用性和采光能力超过前两类。南方地区塑料大棚有的还在侧面开窗，以便在夏季高温时通风与降温。

2. 现代温室连栋大棚基本构造

（1）基本构造

此类大棚为玻璃板、PC板铺设的高档大棚，采用钢架结构。这类大棚结构较为复杂，目前尚没有统一的配件标准，由各大棚厂家自行设计，使用各自标准的配件。

目前通常的做法是厂家设计单跨大棚，单跨大棚栋栋相连成为连栋形式，内部可分开也可连通，这样简化了设计与施工，降低了建造成本。

这种温室大棚的空间大，采用钢架结构和硬质围护结构抗雨雪等恶劣自然气候的能力强，使用寿命长，而且能够设计成智能型大棚。大棚内气象环境条件可控，大棚内适合蔬菜瓜果等作物的种植，还能够做生态餐厅用，其缺点是造价较高，如果施工质量不高的话大棚内接缝较多，保温效果并不十分理想。这类温室大棚比较适合我国南方地区偏暖的气候条件，用于育苗、生态景观展览和生态餐厅等方面。

（2）常见术语

现代温室大棚虽然不属于严格意义上的建筑物与构筑物，但是结构与设计与一般民用和工业建设规范相同，国家对其术语制定了行业标准。但由于新的工艺不断出现，其标准制定工作相对滞后，设计者和使用者往往借用民用与工业建筑的术语。这些术语最初来自民间，较为“土气”，各地说法不尽相同，存在同一物品多种名称的现象。

以下列出一些常见术语。

基础：承受温室荷载的底脚，常采用钢筋混凝土浇筑或用砖砌成。

天沟：屋面与屋面连接处的排水沟，常用冷轧镀锌板压制。

温室跨度：两相邻天沟中心线之间的距离。

脊高（顶高）：封闭状态下温室的最高点至室内地平面的距离。

肩高（檐高）：温室屋面与侧墙交线至室内地平面的高度，即滴水高度，立柱底板到天沟下表面的高度。

开间：天沟方向相邻两根承重立柱之间的距离。

拱架：垂直于大棚轴线的拱形骨架。

拱距：相邻两个拱架之间的距离。

棚头：大棚主体结构的两端部分。

横梁（横向拉杆）：屋架的下弦与地面平行，与天沟垂直的长条形杆件。

立柱：温室中支撑屋面的直立构件，常使用型钢制作。

斜撑：倾斜支撑两平行或垂直杆件的长条形杆件。

（3）温室大棚内常见设施

①通风降温系统

通风降温系统包括风扇、风机及降温水帘等。

②增温加热系统

增温加热系统采用锅炉加热供暖或燃气加热供暖的方式。采用锅炉加热供暖污染较大，而采用燃气供暖的方式燃气成本较高。

③移动育苗床、多层育苗床

移动育苗床是现代温室大棚内常见的育苗设施，能够使育苗床之间有足够的作业空间，多层育苗床能够充分利用设施空间。

④其他设施

补光设施：可以在温室大棚的相应位置安装补光用的灯，一般会采用大功率碘钨灯。

图像采集：安装摄像头，可用终端实时监控温室大棚内部情况。

物联网控制器：对温室大棚的温度、湿度、CO_2浓度、光照强度与图像等参数的数据进行采集与处理的装置，管理者能现场控制或通过远程终端管理温室大棚。

二、基质栽培技术

（一）无土栽培与基质栽培技术

无土栽培技术是指不使用天然土壤，采用基质或者营养液进行灌溉与栽培的方法，可以有效利用非耕地，人为控制和调整植物所需要的营养元素，发挥最大的生产潜能，并且解决土壤长期同科连作后带来的次生盐渍化，是避免连作障碍的一种稳固技术。

无土栽培可以分为无固体基质栽培和固体基质栽培，其中无固体基质栽培是指将植物根系直接浸润在营养液中的栽培方法，主要包括水培和雾培2种。固体基质栽培通常是人们所指的基质栽培，基质栽培按照基质类型区分，可以分为无机基质栽培、有机基质栽培、复合基质栽培3种。其中，无机基质中的惰性材料基质在我国研究和应用相对成熟，石砾、珍珠岩、陶粒、岩棉及沸石等均可作为无机基质。有机基质一般取材于农、林业副产物及废弃物，经高温消毒或生物发酵后，配制成专用有机固态基质。用这种方式处理后，基质的理化性质与土壤非常接近，通常具有较高的盐基交换量，续肥能力相对较强，如草炭、树皮及木屑等都属于有机基质。复合基质是指按一定比例将无机基质和有机基质混合而成的基质，克服了单一物料的缺点，也有利于提高栽培效率。

（二）基质栽培技术的特点

基质栽培是目前我国无土栽培中推广面积最广的一种方法，是将作物的根系固定在有机或者无机的基质中，通过滴灌或微灌方式灌溉，供给营养液，能有效地解决营养、水分、氧气三者之间的矛盾。

基质栽培的作用特点如下所示：

1. 固定作用

基质栽培一个很重要的特点是固定作用，能够使植物保持直立，防止倾斜，从而控制植物长势，促进根系生长。

2. 持水能力

固体基质具有一定的透水性和保水性，不仅可以减少人工管理成本，还可以调节水和气等因子，调节能力由基质颗粒的大小、性质、形状与孔隙度等因素决定。

3. 透气性能

植物根系的生长过程需要有充足的氧气供应，良好的固体基质能够有效协调空气和水分两者之间的关系，以保持足够的透气性。

4. 缓冲能力

固体基质的缓冲能力是指可以通过本身的一些理化性质，将有害物质对植物的危害减轻甚至化解。一般把具有物理化学吸收能力、有缓冲作用的固体基质称为“活性基质”；把无缓冲能力的基质称为“惰性基质”。基质的缓冲能力体现在维持 pH 值和 EC 值的稳定性，一般有机质含量高的基质缓冲能力强，有机质含量低的基质缓冲能力弱。

三、水培技术

水培技术是指不采用天然土壤，采用营养液通过一定的栽培设施栽培作物的技术。营养液可以代替天然土壤向作物提供合适的水分、养分、氧气和温度，使得作物能正常生长并完成其整个生活史。在水培时为了保证作物根系能够得到足够的氧气，可将作物的一部分根系悬挂生长在营养液中，另一部分根系裸露在潮湿空气中。水培技术是目前设施农业中经常采用的作物栽培技术之一。

（一）营养液配比原则

营养液的配方是水培技术的核心。

1. 营养元素应齐全

营养液中的营养元素应齐全，除了碳、氢、氧之外的 13 种农作物必需营养元素由营养液提供。

2. 营养元素应可被根部吸收

配制营养液的盐必须有良好的溶解性，呈现离子状态，不能有沉淀，容易被作物的根系吸收和有效利用，营养液一般不能采用有机肥配制。

3. 营养元素均衡

营养液中各个营养元素的比例均衡，符合作物生长发育的要求。

4. 总盐分浓度适宜

总盐分浓度一般会用 EC 值表示，不同作物在不同生长时期对营养液的总盐分要求不一样，总盐分浓度应适宜。

5. 合适的酸碱度

一般适合作物生长的营养液 pH 值应该为 5.5 ~ 6.5，营养液偏酸时用一般 NaOH 中和，偏碱时用一般硝酸中和。各营养元素在作物吸收过程中应当保持营养液的 pH 值大致稳定。

6. 营养元素的有效性

营养液中的营养元素在水培的过程中应保持稳定，不容易氧化，各个成分不能因为短时间内相互作用而影响作物的吸收与利用。

（二）水培的优势

1. 节水节肥

水培能够节约用水、节省肥料，在水培过程中，一般 1 ~ 5 个月才更换一次营养液，水培蔬菜在定植后并不需要更换营养液。

2. 清洁卫生

水培法生产的农产品无重金属污染，还能降低农药的使用量，也可以通过绿色植物净化空气。

3. 避免土传病害

根系与土壤隔离可避免各种土传病害，避免了土壤连作障碍。

4. 经济效益高

与传统的作物栽培方式相比，水培的空间利用率高、作物生长快，而且一年四季能反复种植，极大地提高了复种指数，经济效益明显。水培法尤其适合叶菜类的蔬菜栽培。

第三节 种植业资源与生产调节技术

种植业资源是人类从事作物生产所需要的全部物质要素和信息，认识种植业资源特性是合理利用种植业资源的基本依据。

一、种植业资源的类型

种植业资源可以根据不同的特性进行分类，各种分类体系都是针对某一具体特性而言的，是相对的。

（一）按照种植业资源的来源分类

1. 自然资源

自然资源是指在一定社会经济技术的条件下，能够产生生态效益或者经济价值，提高当前或可预见未来生存质量的自然物质能量的总称。这包括来自岩石圈、大气圈、水圈和生物圈的物质，如由太阳辐射、降水和温度等因素构成的气候资源；由天然降水、地表水和地下水构成的水资源；由地貌、地形与土壤等因素构成的土地资源；由各种动植物、微生物构成的生物资源。生物资源是农业生产的对象，而土地、气候与水资源等是作为生物生存的环境因素存在的。

2. 社会资源

社会资源是指通过开发利用自然资源创造出来有助于种植业生产力提高的人工资源，如劳力、畜力、农机具、化石燃料、电力、化肥、农药、资金、技术及信息等。

作物生产是自然再生产与经济再生产相交织的综合体，农产品是自然资源和社会资源共同作用的结果。自然资源是种植业生产的基础，是生物再生产的基本物质条件，社会资源是对自然资源的强化和有序调控的手段，可以增强对自然资源利用的广度和深度，反映了种植业发展的程度和种植业生产水平。在种植业发展的早期，人们主要依赖优越的自然资源，如利用河漫滩的肥沃土壤或烧荒后的土壤肥力等进行作物生产。除人力、畜力及简单的农机具外，几乎没有其他社会资源的投入，其生产力水平非常低下。随着科学技术的进步和现代工业的发展，社会资源的投入日益增多，生产力亦随之不断提高，现代农业生产也越来越依赖社会资源的投入。

（二）按照种植业资源是否具有可更新性分类

1. 可更新资源

可更新资源是指自我更新周期短，可以年复一年进行循环利用的资源，主要针对自然资源而言。例如，种植业自然资源中的生物资源，基于生物再生产的生命过程，可以通过生长发育和繁殖进行自我更新；气候资源虽然年际有一定的变化，但能每年持续利用，永续利用；土壤资源、矿物质营养、土壤有机质可借助于生物小循环不断更新；水资源在地球水分循环中得到缓慢更新，但若对地下水开采过度，形成大面积地下水漏斗，则其更新周期将会变长或者成为不可更新资源。作为社会资源的人力、畜力，能周期性地补充和更新，亦称为“可更新资源”。

种植业资源的可更新性并不是必然的，而是以一定的社会经济技术水平和生态条件为前提的。只有在资源可塑性范围内合理利用、适度开发，才能保持其可更新性，否则就会适得其反，使资源丧失可更新性，最终导致资源短缺或枯竭，更有甚者，由于某一单项资源的可更新性功能丧失，造成整体资源的破坏。例如，滥伐使森林退化，气候失调，灾害频繁；滥牧使草原超载，草场退化；滥垦引起水土流失，土地沙化；农田只用不养或用多养少造成地力衰退等，这些都是种植业掠夺式经营使得资源可更新性受到破坏的例子。

2. 不可更新资源

不可更新资源是指不能连续不断地或周期性地被产生、补充和更新，或者其更新周期相对于人类的经济活动来说太长的一类资源，如化石燃料、矿藏等，这些物质都是远古时代的动植物随着地质变化而深埋于地壳深层形成的，储量有限，如果不珍惜或是不节约使用，就会供不应求，导致资源危机。保持和增强可更新资源的可更新性是种植业持续发展的基础，替代或节约不可更新资源以保护和维持可更新资源的永续利用是种植业持久发展的重要手段。

（三）按照种植业资源储藏性分类

1. 储藏性资源

储藏性资源是指资源的生产潜力可以储存，当年不用可以留待来年使用的资源。比如，肥料、种子、农药、燃料、饲料以及现代种植业不可欠缺的煤炭、石油和天然气等化石能源，磷矿石、钾矿石和微量元素等矿藏资源等。但是可储存年限受制于其利用价值，随着肥效、药效下降及种子发芽率降低等，这类资源的生产潜力也将同步减少。

2. 流逝性资源

流逝性资源是指当年不用则立即流逝，不能留存下来供以后使用的资源，如太阳辐射、热量、风能与劳畜力等。这类资源必须尽可能充分利用，以减少流逝，增值增益，另外，有些资源兼有储藏和流失两种性质，如农机具，土地闲置等。

农机具今年不用可以来年再用，但其折旧率下降，使用时间延长。土地闲置既可以来年再用，也可以积累水分活化养分，从而提高作物产量。

二、合理利用种植业资源的原则

合理利用资源，可以实现资源增值，不断为人类提供越来越多的产品，丰富人们的生活；如果利用不当，超过资源增值的“阈值”，就会造成资源衰退，破坏生态平衡。

（一）因地制宜发挥优势

地带性与非地带性因素交织在一起，形成了资源在平面和垂直分布上的不平衡。不同地区和经营单位种植业的社会资源更是千差万别，如人口、劳力、土地、资金、肥水供应、各种生产设施以及技术管理水平都有各自的具体情况。因此，必须根据不同地区自然资源的数量、质量及组合特点以及不同种类农作物的生态特性，并结合当地社会经济条件，确定不同地区资源的利用方向和合理利用方式，建立合理的种植业生产布局和结构，并且采取不同的资源保护、培育和改造措施，趋利避害，扬长避短，发挥其现实优势和潜在优势。

（二）利用、改造和保护相结合

既要充分利用各种种植业资源，又要十分珍惜资源，重视对资源的保护和培养，并努力改造使不利的资源劣势成为有利的资源优势，变不能利用的资源为可以利用的资源，使有限的种植业自然资源能充分发挥它们相对无限的生产潜力。例如，培育更加优质、高产、抗逆性强的各种动植物品种；改造低产的盐碱地、风沙地、涝洼地为良田；修筑梯田，防止水土流失，兴修水利发展灌溉等。

借助自然界物质循环或者生物的生长繁育使可更新资源不断得到更新，对这类资源如能合理利用，就可取之不尽，用之不竭。但是，如果开发利用不当，就会使这些资源的可更新性遭到破坏，甚至完全枯竭，因此，资源开发利用的强度不能超过资源的“阈值”。不可更新资源中部分是可回收并重新利用的，如铁、铜、矿质肥料（磷、钾）、云母等，如以废物排放，则成为环境的污染物质，不可回收的非更新自然资源，如煤、石油与天然气等矿物能源要尽可能节约利用。

（三）综合开发，发挥资源的综合效益

由于种植业资源具有整体性，所以开发利用种植业自然资源既不能只考虑某一资源要素的作用而忽视与其他要素相互联系、相互制约的关系，也不能只考虑局部地区的资源利用而忽视整个地区各项资源的全面、合理利用。必须综观全局，着眼于农、林、牧、副、渔的全面发展，充分发挥种植业自然资源的整体功能和综合效益，使自然资源能分层次多级多途径利用，废弃物能得到综合利用，提高资源的利用效率。

第三章 蔬菜种植技术

第一节 白菜类蔬菜生产技术

白菜类蔬菜指十字花科中以叶球、花球、嫩茎、嫩叶作为产品的一大类蔬菜，在我国栽培历史悠久，品种资源丰富，栽培面积很大，分布广。

共同特点：

①属二年生白菜类蔬菜，喜温和气候条件，最适宜的栽培季节是月均温度 15 ~ 18℃，而且对温度适应性强，具有很强的耐寒性，幼苗期可耐短期－ 3℃以下的低温，又有较强的耐热性，有品种可夏季栽培。

②白菜类蔬菜作物，低温通过春化，长日照条件完成阶段发育，阶段发育所要求条件以甘蓝较严格，白菜、芥菜要求不严。除花椰菜、菜苗外白菜类春季栽培应避免通过阶段发育，防止未熟抽芽。

③白菜类蔬菜叶面积大，蒸腾量很大，但因根系较浅，利用土壤深层水分的能力不强，栽培时要合理灌溉，保持较高的土壤湿度，精耕细作，促进根系的发展，增加吸收能力。甘蓝、花椰菜因为其叶表面有蜡粉，蒸腾量较白菜更小。

④白菜类蔬菜生长量大，吸收矿物质养分较多，要求土壤肥沃，需施较多的基肥和追肥，施肥以氮肥为主，磷、钾配合对白菜的高产、优质是很重要的。

⑤白菜类蔬菜都是种子繁殖，种子发芽力强，在适宜的条件下，播种后 3 ~ 4 天全出土，可直播或育苗移栽。

⑥具有共同病虫害，尤其病毒病、霜霉病、软腐病三大病害，另外还有白斑病、黑斑病、根肿病。

一、大白菜

大白菜即结球白菜，又叫“黄芽白”，其叶球柔嫩多汁，是全国产销量最大的蔬菜之一。

大白菜营养丰富，品质柔嫩，可煮食、炒食、生食，还可腌制酸菜。

（一）栽培方式与季节

大白菜一年四季均可播种栽培，但以 8 ~ 10 月最佳，2 ~ 3 月播种春大白菜，采用地膜覆盖栽培；4 ~ 7 月夏秋播种应注重选择耐热、抗病品种；11 月至次年 1 月播种应实行保温栽培，同时根据市场需求品种行情，选择适销对路品种。

（二）园地和品种的选择

在播种前要做好选地、腾茬、整地、施基肥及打垄等工作，最好实行 2 ~ 3 年的轮作。用晒茬地栽培大白菜的，要事先搞好除草、施肥、整地、打垄等工作，但秋白菜生产多用倒茬地，这就要求在前茬作物栽培结束后，及时抢时间整地施肥。大白菜生长期长，生长量大，需要施用大量的有机肥做底肥，施有机肥 5000kg/*a*，最好分次施用，并掺施过石 30 ~ 40kg 或磷酸二铵 20 ~ 30kg，最好打垄，一般为 60cm 宽的大垄。

大白菜品种多，应根据实际情况，选择适宜的品种，早熟栽培国庆前上市或播种期晚的应选长春快菜（65 天）等生育期短的品种。一般冬储菜倒茬及时或晒茬地多选择生育期较长的中晚熟品种。

（三）适时播种，合理密植

1. 种子处理

播种前用 55℃的温水浸泡种子 15 分钟，晾干用多菌灵拌种或用 0.3% ~ 0.4%的福美双或百菌清或瑞毒霉拌种，或在播种前晒种 1 ~ 2 天可防部分病害。

2. 土壤消毒及苗期预防

在连作地或是多发病的地区可用 70%敌克松粉剂与 20 倍干细土、部分杀虫剂（如乐斯本、敌杀死等）混合均匀，撒在播种穴内。苗期可用 75%百菌清可湿性粉剂 500 倍液或者 20%快克可湿性粉剂 900 ~ 1000 倍液喷雾预防。

3. 播种方法及密度

采用直播法，理墒之后根据品种特点和地力情况打塘点播。依品种的特征特性制定合理的播种密度。如“83 — 1”一般株行距 40cm × 40cm，亩播 4000 塘左右；小杂系列株行距 35cm × 35cm，亩播 5000 塘左右，每塘播饱满种子 5 ~ 6 粒，播种后使用细粪土盖塘，并且保持土壤湿润。

4. 施足基肥

以有机肥为主，化肥为辅，亩施优质腐熟农家肥 3000kg 加 40 ~ 80kg 复合肥堆沤后做底肥一次性施于塘内。

（四）田间管理

1. 及时间苗和定苗

地膜覆盖的在出苗后应及时破膜露苗，并用细土封压膜口。当幼苗长到 2 ~ 3 片叶时，间去弱苗、病苗、杂苗，每塘留 2 ~ 3 株，当有 4 ~ 5 片真叶时结合第二次间苗，进行定苗，选留健苗 1 株。

2. 中耕除草

间苗和定苗时结合中耕除草，浅中耕，雨季应该增加中耕 5 次，防止土壤板结。

3. 灌水和排水

冬春季干旱，容易缺水，应当适时浇水，以保持土壤湿润，特别是在结球期，更应注意浇水适度。夏秋季高温多雨，要注意雨后清沟、培土、排涝，及时排除沟内积水，以防沤根死苗和病菌的侵袭，一些地区由于地理位置的特殊性，在夏秋季也会出现插花性干旱。

由于高温蒸发量大，也应适时浇水，采用早浇、晚浇，以降低地温，防止高温危害。

4. 追肥

一般应抓住莲座期和结球前的两次追肥重点，这是保证大白菜高产的关键。此时大白菜处于快速生长期，需增加追肥量，应以氮肥为主，并配施磷钾肥，或定期施入畜、禽类稀肥。其具体追肥措施是：第一次在定苗后亩用腐熟清粪水 1000kg；第二次在莲座期亩用腐熟清粪水 1000kg 加尿素 20kg；第三次是重点追肥期，即结球始期，亩用腐熟清粪水 1000kg 加尿素 20kg。在结球中期喷施 1 ： 250 倍的磷酸二氢钾，增强植株抗性，生产出外观以及内在品质优良的蔬菜，提高商品价值。

（五）病虫害防治

1. 病害

病毒病为病毒侵染所致，有芜菁花叶病毒、烟草花叶病毒和黄瓜花叶病毒，主要由蚜虫传播或接触传染。病毒病在整个生育期都可侵染危害。

霜霉病为真菌性病害，病原为白菜霜霉病菌。在气温较低（16℃左右），昼夜温差较大，雨后有露水或雾，田间湿度大时容易发病。多在莲座末期至结球初期发病。

软腐病为细菌性病害。在结球期发病，储藏期间危害严重，病菌侵入后分泌的霉能分解细胞间的中胶层，发出恶臭。发病适温为 27 ~ 30℃。

2. 虫害

主要虫害有蚜虫、跳甲、菜青虫、地蛆和甘蓝夜盗等，特别在苗期危害严重。一般在苗期可喷施敌敌畏加乐果或氧化乐果、敌杀死等防治菜青虫、跳甲、蚜虫等。中后期用敌百虫灌根防治地蛆。

（六）收获

当大白菜结球紧实后，表明生长成熟，应当及时收获上市。成熟至收获的缓冲期为 7 ~ 10 天，若超过 10 天，将会造成脱帮腐烂，轻者降低商品价值，重者导致失收。

二、结球甘蓝

结球甘蓝是十字花科芸苔属的植物，为甘蓝的变种，又名“卷心菜”“洋白菜”“包菜”“圆白菜”“包心菜”等。结球甘蓝具有耐寒、抗病、适应性强、易储耐运、产量高和品质好等特点，在我国各地普遍栽培，是我国东北、西北、华北等地区春、夏、秋季的主要蔬菜之一。

（一）类型与品种

1. 类型

结球甘蓝根据叶型和色泽可分为普通甘蓝、皱叶甘蓝和紫甘蓝等。我国以普通甘蓝为主，普通甘蓝可分为三个基本类型，即尖头、圆头和平头三个类型。

2. 环境要求

甘蓝为耐寒性蔬菜，生长适温为 15 ~ 20℃，在 10℃时生长缓慢，5℃

时即停止生长。耐寒与耐热性较大白菜强，可以忍受－6～－8℃及短期的－10℃，故在淮河流域以南地区可以露地过冬。当温度在25℃以上时，生长不良，甘蓝叶面积大，根系分布浅，不耐干旱，尤其不耐土壤干燥，但也不耐涝。甘蓝是喜肥和耐肥作物，幼苗期和莲座期吸收氮素营养较多，结球期则吸收磷、钾增多，同时也较耐盐碱性土壤。甘蓝的抽薹、开花比大白菜、白菜严格，必须在幼苗具有三四片以上的叶数时，并且在0～10℃低温条件下，还要经过45天以上的天数才能通过春化阶段，然后才能抽薹开花。晚熟品种抽薹开花较早，中熟品种较迟。

甘蓝有平头、圆头和尖头三种类型，以前两种栽培最广。平头型：植株较大，叶球扁圆，包心紧实；产量高，品质好，耐储藏；一般多为中、晚熟种，生长期较长，也是我国栽培的最主要类型。圆头型：植株中等，叶球圆形，较紧实；多为早熟和中熟品种；生长期较短。尖头形：植株较小，叶球为心脏形，较松；早熟，生长期短；多做春季早熟栽培。

（二）栽培技术

1. 整地施肥

由于甘蓝抗旱力不强，应当选择地势较低但排水良好，灌溉方便，保肥保水力强的土壤。早熟品种适于砂壤土。

栽培甘蓝的地块应进行秋翻，春天顶浆打垄，做成50～60cm的垄或1m宽的畦，同时施足底肥，肥力不足会低产、球小甚至早期抽薹。

2. 栽培季节

甘蓝适应性强，既耐寒又耐热，我国北方春、夏、秋均可露地栽培。东北、西北和华北的高寒地区，多于春、夏育苗，夏栽秋收，生长期长，叶球个大，是我国甘蓝主产区，华北及东北、西北的部分城市，以春、秋两茬栽培为主，亦可进行多茬栽培。冬、春育苗，春栽夏收称为“夏甘蓝”；夏季育苗，秋季栽培，秋、冬收获，称为“秋甘蓝”。

3. 育苗

甘蓝栽培都采用育苗移栽。春甘蓝大部分为早熟栽培，东北、西北以及内蒙古等寒冷地区，通常于2～3月在温室育苗，育苗期为60～80天。华北地区有两种育苗方法：一是于12月中旬至1月上旬在阳畦育苗，2～3月定植。二是于2月在塑料温室育苗，育苗期40～50天。秋甘蓝于

6～7月育苗，育苗期一般为35～40天；夏甘蓝4～5月育苗，育苗期为30～40天。

4. 定植

该时期早熟者4月中下旬，中熟者5月上旬至下旬，半夏者5月下旬至6月中旬，晚熟者6月下旬定植。

密度应当根据品种和地力等确定。早熟品种（27～33）cm×60cm，拐子苗，畦作可一畦3行，中熟者40cm×60cm，晚熟者（50～60）cm×60cm。方法以刨堆后暗水或明水定植，春甘蓝可浅些。覆土以埋过土方1cm为宜。

5. 肥水管理

甘蓝定植之后需浇缓苗水，此时由于气温较低，浇水后要及时中耕松土，以利保墒并提高地温，以促进根系的恢复和生长。进入莲座期，植株要形成强大的同化器官，吸收水肥较多，可进行第一次追肥，每亩施氮素化肥15～20kg，并充分供应水分，促进叶球生长。待叶球形成后，应控制浇水，防止裂开，利于储藏。

6. 防治虫害

甘蓝生长的初期容易受到菜青虫的危害，菜青虫是菜粉蝶的幼虫，它啃食嫩叶，严重时能引起绝产。要采用低毒低残留高效的杀虫剂进行治理。喷施杀虫剂的时间最好是在傍晚时候，此时喷药就可以避免由阳光照射引起的浓度和成分的变化，利于发挥杀虫剂的最大功效。

（三）采收

一般在叶球达到紧实时即可采收，早秋和春季蔬菜淡季时，叶球适当紧实也可采收上市。叶球成熟后如天气暖和、雨水充足则仍能继续生长，如不及时采收，叶球会发生破裂，影响产量和品质。采用铲断根系的方法可以比较有效地防止裂球，延长采收供应期。

三、花椰菜

花椰菜，又名为“花菜”或“菜花”，属十字花科，是秋冬栽培的2年生蔬菜作物。因其食用部分粗纤维少，营养价值高，深受消费者欢迎，在福建、广东、浙江、广西、四川和湖北等省普遍种植。

（一）对环境条件的要求

1. 对温度的要求

花椰菜喜温暖湿润的气候，忌炎热干燥，不耐长期霜冻，耐寒能力并不如结球甘蓝。花椰菜生长的适宜温度为 8 ～ 24℃，不同品种以及不同生长发育时期对温度的要求也不相同。种子发芽期：最适温度为 15 ～ 25℃，最低温度 2 ～ 3℃，25℃时发芽最快，播种后 2 ～ 3 天即可出土。

花椰菜性喜温和冷凉的气候，不耐炎热干旱，属于耐寒的蔬菜。对温度的要求，一般说来在 15 ～ 20℃最为适宜，种子发芽在 2 ～ 3℃时开始，但不能出土，种子发芽出土的温度为 8 ～ 25℃，在 35℃高温条件下，也能正常发芽出苗。在 20 ～ 23℃时，适宜于外叶生长，花球形成的适宜温度为 17 ～ 18℃，温度高达 24 ～ 25℃时，花球形成停止，正常温度条件下，花球形状端正，约 20 天完成。生长临界温度为 5℃，幼苗具有 4 ～ 5 叶的健壮植株，能忍耐－3 ～－5℃，短时－12℃或更低的温度。花球不耐低温，当气温－1℃时，花球受冻害，受冻的花球容易腐烂。

2. 对水分的要求

花椰菜喜温暖湿润的环境，根系发达，分布于土壤的耕作层。由于植株叶丛大，水分蒸发量也大，特别在花球形成期，要求有充足的水分，土壤干旱，易形成“散花”，影响产量与质量。在植株的整个生长过程中，一般要求土壤湿度为 70% ～ 80%，空气相对湿度为 85% ～ 90%，尤其以土壤湿度更为重要。

3. 对光照的要求

花椰菜虽然为喜光照充足的植物，但能耐稍阴的环境，早春育苗时，采用电灯补光，可提早收获。花球形成后，在阳光直射条件下，易由白色变为黄色，降低产品质量，因此在花球生长过程中，可采用折断老叶覆盖花球的方法，使花球保持洁白。

4. 对土壤养分的要求

花椰菜对于土壤的要求较高，种植时宜选择耕层深厚、土质肥沃、有机质含量高、透气性强、地势较高、排灌条件好的地块，切忌与十字花科蔬菜连作或重茬，以防遭受病虫害侵蚀。选择好种植地后还需对所选地段进行翻耕除草，使土壤更加疏松，并起到杀菌除虫的作用，有效清除土壤中影响植株正常生长的不利因素。播种前还需下足基肥，花椰菜的生长期较短，对于养分的需求量大，所以基肥应选择腐熟的农家肥、人畜粪尿及速效性氮磷钾肥等肥料，以保证花椰菜的正常生长发育。

（二）栽培技术

1. 播种管理

花椰菜的品种繁多，不同的品种播种时间也有所不同，早熟品种耐热耐高温，一般于夏季 6 ~ 9 月种植；中熟和晚熟品种不耐高温，较为耐寒，适宜在 11 月至次年 2 月冬春季节种植。播种时应当根据土壤肥力、品种特性、耕作管理的不同来进行合理的密植，早熟品种适当密植，晚熟品种适当稀植，但密植不宜过大，避免出现苗期徒长或土壤中的养分不足，造成弱苗、烂苗现象。播种后应浇透水，再用百菌清或多菌灵等杀菌剂对田间进行消毒杀菌，预防苗期病害，并根据地力和播种情况适当加入底肥，以腐熟农家肥为宜。

2. 合理施肥

花椰菜植株的生长旺盛，对于水分的需求量较大，水分管理上应当根据花椰菜不同生长期对于水分的不同需求合理控制浇水量，催苗期的水分供给与追肥相结合，以发挥肥效，保持畦面湿润，防止畦沟积水，促进根系深扎广布。前期苗体较小，若遇到台风暴雨或连续阴雨，要保持畦沟通畅，及时排渍防涝。莲座期和花蕾初现期需水肥多，如遇干旱天气，要实施沟灌，即灌跑马水，保持畦面土壤湿润为宜。注意在整个生育期都应避免漫灌、积水等影响根系正常生长，除了水分管理外，合理的施肥也十分重要。花椰菜的需肥量较大，在施足基肥的前提下，还要注意花椰菜生长需要充足的微量元素，莲座期和现蕾期需要较多的氮素和适量的磷钾肥，生长盛期还必须配施硼和镁等微量元素肥料。

因花椰菜需肥量较大白菜多，若人力翻土，应将有机肥、磷肥、钾肥的全部，复合肥 50 ~ 75kg，一次性撒施于土面，然后人力翻土，余下的点施或浇施，做基肥或者追肥都行。

3. 整地做畦

按畦长 25 ~ 30cm，畦宽 1.2m，畦沟宽 30cm，沟深 20cm 的要求开沟做畦，并将畦面耙平，使沟底平坦。新基地还应按基地建设要求进行建设，至少需开好围沟和主沟。

4. 盖地膜

不论何时栽培花椰菜，都提倡地膜覆盖栽培。整地做畦后，充分将土壤浇透水后盖地膜，方法是选择黑色地膜，平铺畦面，并用泥土将膜的四周压紧，有条件的先在土面铺设好滴灌管。

5. 定植

①定植时间：一般日历苗龄 30 ~ 40 天为定植适期。

②合理密植：早中熟品种，株行距一般为 35cm × 40cm；中晚熟品种，株行距一般为 50cm × 60cm。

③定植方法：按照密度要求选择壮苗移栽。移栽后浇定根水（每 50kg 水加海藻生根剂 60g、尿素 200g），每株浇水 150 ~ 200g，然后用泥土封好定植孔。

（三）田间管理

1. 追肥

①根部追肥：在上述施肥的基础上，原则上不需要根部追肥，但因土壤肥力水平差异大，定植 15 ~ 20 天，提倡看苗局部选择性根部追肥。追肥以速效性复合肥为好，兑水浇施，浓度为 0.4%。

②叶面追肥：提倡叶面施肥，叶面肥以富含微量元素养分的好，如明月海藻叶面肥或硼肥等，补充硼肥对于增加花球美感及产量、品质很有帮助。

2. 抗旱排渍

①抗旱是田间管理的关键工作，连续 5 个晴日后，应考虑浇水抗旱，有条件的，在晴天开启滴灌设施 2 ~ 3 小时。在干旱条件下，影响根系对硼元素养分的吸收，导致花球品质下降，外观美感受损。

②洪涝时，应及时排水，标准是畦沟内不积水。

3. 保护花球

花椰菜的花球在日光直射下，易变成淡黄色，并可能在花球中长出小叶，降低品质。因此，在花球形成初期，应把接近花球的大叶主脉折断，覆盖花球，覆盖叶萎蔫发黄后，要及时换叶覆盖。

有霜冻地区，应进行束叶保护。注意束扎不能过紧，以免影响花球生长。

（四）采收

当花球充分长大后要及时采收，否则花球松散老化，影响商品价值，因花球采收期比较长，要分批采收，保证收获质量。采收时砍下花球，每个花球留 6 ~ 8 片嫩叶，以保护花球，避免在装运中损伤变质，采收还应依市场行情进行适当调节，适时上市，以获得更高的经济效益。

第二节 绿叶菜类蔬菜栽培技术

绿叶菜类蔬菜是指以鲜嫩的绿叶、叶柄或嫩茎为产品的速生性蔬菜。由于生长期短，采收灵活，栽培十分广泛，品种繁多，我国栽培的绿叶菜有 10 多个科 30 多个种。

共同特点种类繁多，形态、风味各异，产品柔嫩多汁，不耐储运，适应性广，生长期短，采收期灵活。喜水喜氮肥，产品中亚硝酸盐含量高。根据对环境条件的要求不同，可分为两大类：一类喜冷凉而不耐炎热，生长适温 15 ~ 20℃；一类怕霜冻但较耐高温，生长适温 20 ~ 25℃。

一、菠菜

菠菜为藜科菠菜属一二年生草本植物，分布很广，各地都有栽培。菠菜适应性广，是一年四季、露地、棚室均可以栽培的蔬菜。

（一）栽培技术

1. 整地

选择土质疏松，土层深厚，土壤肥沃，光照适宜，灌排便利，有洁净水源，交通方便，病虫害少，pH 值 5.5 ~ 7 微酸性的壤土种植。深耕深翻，整地要彻底，整地后施足基肥，基肥以充分腐熟的农家有机肥为主，可每亩施有机肥 4000kg，再每亩配施 40kg 的过磷酸钙，施足基肥后，耙细做畦，浇足底水。春冬季节适合高畦，夏秋季节适合平畦。

2. 备种播种

要保证这个品种是适合当地种植的，并保证菠菜品种的抗病性高与叶片厚等特点。

夏秋季播种，首先要浸种，可以用水浸泡 12 小时后放在 4℃左右的环境冷藏 24 小时，再放在 20 ~ 25℃室温下催芽，出芽（3 ~ 5 天）即可播种。春冬季节可直接播种。

3. 苗期管理

苗期要及时间苗补苗，适当控制水分，尤其是棚室栽培，要注意保持适宜的土壤湿度和空气湿度，才能够有效促进幼苗长势健壮，促根深扎。棚室栽培，要昼揭夜盖，晴揭雨盖，让幼苗多见光，多炼苗，促使其健壮生长。

（二）田间管理

加强管理，及时进行中耕、松土、除草。当幼苗长出 4 ~ 5 片真叶后，菠菜进入生长旺盛期，要及时追肥，露地栽培，要注意降温降湿，浇水宜在晴天的早晨或者傍晚进行。

1. 越冬前的管理

出苗至拉十字（2 片真叶）不浇水，拉十字后浇一次水，除非特殊干旱，到上冻前不浇水了，让幼苗稳健生长。随着气温的降低，糖分不断积累，抗寒性增强，如再浇水生长量增大，抗寒性降低。为了保温防寒，在上冻时要灌冻水，最好浇灌稀粪水，既提高土温又起施肥作用，保证土壤里有足够养分和水分，返青后健壮生长。有时灌冻水之后，也出现死苗现象，这主要是涝害，春天冻融，水分过大了，封冻前挖好风障沟，为了防止雪岭形成，在翌春返青前夹风障。

2. 返青后的管理

主要是灌水和施肥。第二年春，开水晚苗子生长慢，开水早地温上不来，会抑制根系活动，甚至由于低温多湿便造成沤根。一般来说，返青后苗子长到 10cm 左右高、土温在 10℃左右时开始浇水，开水后就要肥水齐攻，第一次浇水可随水施少肥，以后要保持地皮不干，至采收前一次清水一次肥水。

（三）主要病虫害

菠菜霜霉病主要是危害叶片。被害叶面初现淡绿色小点，后面扩大为淡黄色、边缘分界不明显的不规则大斑，叶背病斑上则生灰白色至淡紫色绒状霉层。严重时病斑布满叶片，最终致叶片枯黄、不能食用，病菌还可系统侵染，病株易呈萎缩状。

蚜虫俗称“腻虫”，成若蚜虫群集叶片以吸汁危害叶片，致叶片发黄、卷缩、植株生长受阻、留种株受害则妨碍结实，还可传播病毒病，并诱发煤烟病。

（四）采收

秋播菠菜播种后 30 天左右，株高 20 ~ 25cm 可以采收，以后每隔 20 天左右采收一次，共采收 2 ~ 3 次。春播菠菜常一次采收完毕。

二、苋菜

苋菜是以柔嫩茎叶为食用部分的一年生草本植物。原产于我国，只有中国、印度和日本等作为蔬菜栽培，我国长江以南栽培较多，北方现也有栽培。苋菜是一种很多人爱吃的家常蔬菜，它煮出来的汤也是红红的，苋菜煮皮蛋也是一道非常美味的菜肴。

（一）栽培技术

1. 品种选用

苋菜品种很多，依据叶形可分为圆叶种和尖叶种。圆叶种叶面常皱缩，生产较慢，产量较高，品质较好，抽薹开花较迟；尖叶种先端尖，生长较快，产量较低，品质较差，较早抽墓开花，依叶片颜色又可分为红叶苋、绿叶苋和花叶苋。概括起来，可分为六个大的品种类型，即红圆叶苋、红柳叶苋、绿圆叶苋、绿柳叶苋、花叶圆叶苋和花叶柳叶苋。大多数地区食用绿圆叶苋，有的地区禁食红圆叶苋，因此，在品种选用上，应根据当地的消费习惯选用品种。

2. 浸种催芽

苋菜种子在凉水中浸种 24 小时，浸种过程中需要搓洗几遍，以利吸水。在冬季、早春将浸泡过的种子捞出，用清水搓洗干净，捞出沥净水分，用透气性良好的纱布包好，再用湿毛巾覆盖，放在 15 ~ 20℃条件下催芽，当有 30% ~ 50%的种子露白时即可播种。其他季节就采用直接播种的方式栽培。

3. 整地施肥

苋菜种植宜选择杂草少的地块，虽然苋菜对土壤要求不严格，但仍以土壤疏松、肥沃、保肥保水性能好的土壤为佳，而且苋菜喜欢偏碱性的土壤。每亩施入腐熟有机肥 5000kg，25%复合肥 50kg，精耕细作，做成畦宽 1 ~ 1.2m，沟宽 0.3m，沟深 0.15 ~ 0.2m 的高畦。

4. 播种方法

苋菜的种子较小，播种掺些细沙或者细土可以使播种均匀，每亩用种量 0.25 ~ 0.5kg。可平畦撒播或条播，撒播的可用四齿耙浅搂或不搂，条播者春季可稍深、夏季宜浅，浅覆土，然后镇压，即可浇水，等待出苗，冬季、早春加盖薄层稻草保湿，再盖上一层地膜保温，夏季加盖防晒网。

（二）田间管理

1. 温度管理

苋菜在冬季、早春出苗之后揭开地膜和覆盖物，浇水后在大棚内再建小型拱棚以利保温，在外界气温较低时于傍晚在小棚上加盖上一层草帘保温。夏季出苗后及时加盖防晒网，采取早盖晚揭。

2. 水分管理

苋菜在冬季、早春要经常保持土壤湿润，小水勤浇，尽量选择在晴天上午浇水，并在齐苗后浇施一次0.2%尿素水溶液，以后7 ~ 10天追施一次，促进生长。夏季适当地加大浇水量，一般在早晨、傍晚浇水。

3. 合理追肥

苋菜要进行多次追肥，一般在幼苗有2片真叶时追第1次肥，过10 ~ 12天追第2次肥，以后每采收1次追肥1次。肥料种类以氮肥为主，每次每亩可施稀薄的人粪尿液1500 ~ 2000kg，加入尿素5 ~ 10kg。

4. 采收管理

苋菜是一种多叶蔬菜，一次播种，分批收获，初收多与间伐相结合。一般播种后 40 ~ 45天，当苗高10 ~ 12cm，有5 ~ 6片叶子时，分垄收获。采收时，要掌握“采大留小”的原则，以增加后期产量，收获后施肥。春播，收获时间一般为播后两个半月，如果不准备第二次采收，则宜在茎木质化前采收。

（三）病害防治

农业防治选用耐热（寒）抗病优良品种，合理布局，在一定时间内与其他作物或水稻轮作，清洁田园，以降低病虫源数目，培育壮苗，提高抗逆性，增施有机肥，平衡施肥，少施化肥。恶劣天气喷施叶面肥（如高利达）。

物理防治利用黄板诱杀蚜虫，黑光灯诱杀蛾类。

生物防治利用天敌对付害虫，选择对天敌杀伤力低的农药，创造有利于天敌生存的环境，采用抗生素（农用链霉素等）防治病害（软腐病）。

三、芹菜

芹菜属伞形科植物。有水芹、旱芹、西芹三种，功能相近，药用以旱芹为佳，旱芹香气较浓，称“药芹”。

（一）生长习性

芹菜原产地中海沿岸，为伞形科浅根系蔬菜，喜欢冷凉温和的气候。种子发芽适温 18 ~ 25℃，最低温 4 ~ 6℃；幼苗期宜 15 ~ 20℃，可耐短时间－4 ~ 5℃低温和 30℃左右高温，根系则可于－15℃左右低温下越冬，营养生长期适宜温度为 16 ~ 20℃，高于 20℃生长不良，且容易发生病害，品质下降。芹菜耐阴怕强光，在温室日照时间短，日照强度差的条件下，芹菜叶柄长，叶片繁茂，质地鲜嫩，品质优好，故在大、小拱棚栽培应考虑遮阴等措施。同时芹菜喜湿润，忌干燥，其栽培密度大，因而整个生育期对土壤水分和湿度要求较高，如过干燥或浇水不及时，生长受抑制，品质也会变劣。芹菜喜肥而根浅，尤其氮素化肥不可缺少，追肥以速效氮肥为主。

（二）栽培技术

1. 整地

芹菜适宜富含有机质，保水、保肥力强的壤土或黏壤土。每生产 100kg 芹菜，需氮 40g、磷 14g、钾 60g，缺氮植株矮小，叶柄易老化空心，尤以前后期缺氮影响最大。此外，芹菜对硼的需要较强，缺硼芹菜叶柄易发生劈裂，可每亩施 0.5 ~ 0.75kg 硼砂。

2. 栽培茬次

秋芹菜初夏育苗，秋凉季节生长，霜后一个月左右采收，生长期 120 ~ 150 天。

春夏芹菜终霜前 80 ~ 90 天保护地育苗，终霜前 20 ~ 30 天定植，春夏生长，高温季节前后进行采收。

越冬芹菜冬季最低均温高于－5℃的地区，可直接幼苗或小株露地越冬；－10℃左右地区，夹设风障及地面覆草越冬；－12℃以下地区，则多用秋季芹菜根株储藏越冬，次春解冻后栽植。

3. 秋露地芹菜栽培要点

适时定植结合整地，每亩施入 5000kg 腐熟有机肥，做宽 1 ~ 1.5m 平畦，畦长不限。软化栽培者二畦间留 55 ~ 60cm 宽空畦，以备取土，培土前的空畦可撒播小水萝卜、小白菜等速生绿叶菜。当幼苗 4 ~ 5 片真叶时即行移栽，起苗时留主根 4 ~ 6cm，以利于发生大量侧根和根须。栽前苗畦浇透水，下午 4—5 点起苗定植，行距 10cm，穴距 7cm，每穴栽 1 ~ 2 株，先栽大苗，后栽小苗。栽植深度以土埋住短茎为宜，随栽随浇小水，全畦浇完后，浇大水，定植后 1 ~ 2 天，再浇一次缓苗水。

加强田间管理定植后要小水勤浇，保持土壤湿润，以利缓苗；缓苗后，为促进新根和新叶的发生，须要中耕蹲苗，同时应该重点防止斑枯病。芹菜立心发棵后，可肥水齐攻，每亩每次可追 15 ~ 20kg 硫铵，以后随水追施粪稀。当芹菜整株收获前 15 ~ 20 天，用 25 ~ 50mg/L 赤霉素喷洒叶面，以增加叶柄重，提高商品率。培土软化芹菜须当天气转凉后，选择晴天下午无露水时再开始培土，培土前要连续浇 2 ~ 3 次透水，培土软化除可改善品质外，还可适当延迟采收，增加产量。

4. 小冷棚秋延后芹菜栽培要点

适时定植芹菜苗龄 65 ~ 70 天，即 9 月上旬定植于小拱棚，定植前结合整地，每亩用氟乐灵 150g 喷雾除草。

温度管理 10 月上旬扣膜，至 10 月底以前昼夜放风。遇雨应及时关闭风口，以防雨水入棚；11 月初开始盖草帘，3 周内每天早 8 点卷草帘，9 点拉缝放风，下午 4 点以后关缝，5 点盖草帘；11 月中旬至月底可适当晚揭早盖；进入 12 月一般 9 点卷草帘，下午 1 点拉缝放风，3 点关缝，4 点盖草帘。注意阴雪天也需要适当放小风。

肥水管理定植缓苗后及时中耕，降低土壤湿度，以后每隔 10 天左右浇一水，水量要适中；生长中后期随水追施硫铵或者粪稀，每亩每次硫铵 25kg、粪稀 1500kg。

（三）田间管理

1. 日光温室冬茬芹菜栽培

冬茬芹菜一般 6 ~ 8 月露地遮阴育苗，8 ~ 10 月定植于日光温室，12 月至翌年 4 月采收。此茬正值外界气温较低的深冬和早春，栽培关键是增温保温，要求室内温度保持在 20℃左右，夜温最低保持在 5℃以上，前期主要是降温防病，后期保温放风。深冬季节 12 月至翌年 1 月加强夜间覆盖保温，最低温不低于 3℃；2 月以后气温回升，应加大通风量，加强肥水管理。

2. 冬春改良阳畦芹菜栽培要点

冬春改良阳畦芹菜栽培关键是培育壮苗大苗，抽薹前获得较大植株，定植时应精选壮苗，大小苗分别定植，最好丛栽。一般10月中旬至11月初定植于风障前的阳畦，定植后浇大水，气温0℃左右时加盖草苫，冬前控制浇水，昼消夜冻时灌冻水，并增施腐熟人粪尿，增强抗寒能力。返青前应防止芹菜受冻和捂黄芹菜苗，故须合理揭盖草苫。翌年3月下旬至4月初，气温回升，芹菜返青，应当肥水猛攻，并保持温度15 ~ 22℃，促进早收。

3. 大棚春夏芹菜栽培要点

大棚春夏芹菜大多于1月下旬至3月初分期播种，播后盖膜，晚上加盖草苫，出苗前保持较高温度，出苗后最低温度不应低于10℃。春芹菜生长前期，应控制浇水，加强中耕，以利于地温回升；进入生长旺盛期，可肥水猛攻，直至收获。

（四）主要病虫害

越冬栽培芹菜的主要害虫是蚜虫。对于芹菜产量和品质有较大影响的是病害，主要病害有芹菜叶斑病和芹菜斑枯病。

（五）采收

温室越冬芹菜的收获包括两种方法：一种是避收。栽培本芹和西芹都可以采取这种收获方法，每次每株采收2 ~ 3片达到商品性的大叶柄。另一种是割收。主要是西芹采用这种方法收获。芹菜收获后的运销期间，尽量使产品处在低温高湿条件下，但是不能受冻，降低呼吸作用和蒸腾作用，减少养分、水分消耗，保持鲜嫩。

四、莴苣

莴苣是菊科莴苣属莴苣种中能形成肥大肉质嫩茎的一个变种。莴苣是一种非常好吃的蔬菜，在我国非常受欢迎，其种植面积也非常广泛。

（一）生长习性

莴苣属耐寒性蔬菜，喜冷凉气候，不耐高温。发芽温度为4℃以上，幼苗生长适温为15 ~ 20℃，茎的生长温度为11 ~ 18℃。莴苣喜昼夜温差大，开花结实要求较高温度，适温为19 ~ 22℃，栽培莴苣应当避开高温长日照的季节。

莴苣对土壤表层水分状态反应极为敏感，需不断供给水分，保持土壤湿润。而且需肥量较大，宜在有机质丰富，保水保肥的黏质壤土或壤土中生长。莴苣喜微酸性土壤，适宜土壤pH值为6.0左右。

（二）栽培技术

1. 苗床整地

苗床要求：地势高并且干燥、排水性能良好的土地。播种前处理：每亩地施入益富源种植菌液 5 ~ 10kg，加腐熟有机肥 1.5 ~ 3t 或者复合肥 50kg 作为基肥。在整地之前先施肥后进行深翻，整平整细后盖上塑料薄膜进行播种。

2. 种子处理

夏、秋莴苣，选用耐热的早熟品种，如科兴 3 号、挂丝红、耐热白叶尖、苦麦叶、耐热大花叶和特耐热二白皮等。越冬莴苣、春莴苣选用耐寒、适应性强、抽薹迟的品种，如耐寒白叶尖、耐寒二白皮与苦麻叶等。

由于 5 ~ 9 月温度比较高，种子发芽困难，因此在播种前需进行低温修芽，将种子放置于益富源微生物营养液稀释 200 ~ 300 倍的营养水中浸泡 6 ~ 7 小时，之后用湿纱布包好，在－3℃或者－5℃的环境冷冻 24 小时，之后放在阴凉处，等两三天发芽即可。

3. 播种

春莴苣在进行大棚育苗播种时，先揭开苗畦上的塑料薄膜，浇足底水之后，每亩地喷洒 3 ~ 5kg 的益富源微生物营养液，之后将种子掺在少量细土中搅拌均匀后播种。一般来说 10m² 的苗床播种量在 25 ~ 30g，播种后覆盖 0.3 ~ 0.5cm 的细土并且覆盖薄膜，晚间则要加盖遮阳网，如果是露地育苗则加盖小拱棚。

在莴苣幼苗出土之前，晚揭早盖覆盖物，无须通风，提高苗床温度，等幼苗出土后则遮阳网早揭晚盖，适当地进行通风，保持白天温度在 12 ~ 20℃范围内，夜间温度在 5 ~ 8℃范围内。等幼苗长至 2 ~ 3 片真叶时，间苗一次，苗距 5cm，在移栽前 5 ~ 6 天加大通风炼苗。

夏莴苣播种最佳天气为阴天，在 4 月至 5 月上中旬的时候播湿籽盖薄膜，等莴苣出苗后撤去薄膜。在 5 ~ 10 月，用小拱棚或者平棚覆盖遮阳网到莴苣出苗，或者在莴苣长至 2 片真叶时间苗一次，长至 4 ~ 5 片真叶时再间苗一次，苗距为 10cm，对于生长健壮的莴苣苗则可以按照植株行距离为 10cm 进行高密度栽植。

在每次完成间苗、定苗和移栽缓苗后，需要结合浇水施入腐熟稀粪水，在下雨天气则要清沟排渍。定植前 15 天每亩地浇一次益富源微生物营养液水 3 ~ 5kg，等定苗或者移栽后 25 天内，就可以采收莴苣嫩株后上市。

秋莴苣在进行播种前，先将苗床用益富源微生物营养液稀释水浇湿浇透，播种后浇盖一层 3 ~ 4 成浓度的腐熟猪粪渣并覆盖薄稻草（覆盖黑色遮阳网也可以），播发芽籽或者湿籽。在出苗前双层浮面覆盖在苗床土上，等出苗后则覆盖上银灰色遮阳网。

早晚都需浇水肥，保持苗床处于湿润的状态，同时还需进行除草间苗。

4. 整地

选地势高燥、排水良好的地块做苗床，播前 5 ~ 7 天每亩施腐熟有机肥 4000 ~ 5000kg 做基肥，在整地前施入后深翻，整平整细，盖上塑料薄膜等待播种。

由于莴苣根系浅，应选用排水良好，肥沃，保水、保肥能力强的土壤种植。每亩施腐熟厩肥 2500 ~ 3000kg、复合肥 50kg。肥料不足，植株生长不良，易先期抽芽。夏秋莴苣生长期温度较高，雨水多，宜采用深沟高厢。施足底肥后做厢，沟深 15cm 左右，厢宽 1.2 ~ 1.6m，每厢定植 4 ~ 5 行，株行距为 33cm × 33cm，每亩定植 5000 株。移栽时选择阴天或傍晚进行，带土移栽，不伤根，移栽之后及时浇足定根水，以利成活，如移栽后遇大晴天，可用遮阳网遮阴，成活后及时揭除。

5. 定植与管理

在莴苣定植的时候，要选择排水性能好的土壤，每亩地施入腐熟有机肥 4000 ~ 5000kg，再翻耕整地，做成一个 1.2 ~ 1.5m 宽的高畦。莴苣起苗是将益富源微生物营养液稀释水浇于苗床。

春莴苣等莴苣苗龄 25 ~ 30 天，5 片叶时定植，定植后浇水，对于地膜覆盖栽培的则要施足一次底肥，并覆盖好薄膜，在下雨季节则要做好排水防渍。对于大棚和露地栽培的则要在晴朗天气中耕一两次，适时进行浇水施肥，保持畦面湿润。

秋莴苣苗龄 25 天时选阴天或下午定植，定植株行距离为 25cm × 35cm，定植后及时浇水，使用小拱棚或平棚覆盖遮阳网。在莴苣植株封茎期前后，每亩地施入腐熟人畜粪 3000 ~ 4000kg，或者施入 15kg 尿素两三次。

越冬莴苣苗龄 30 ~ 40 天，叶片 4 ~ 5 片以上，采用地膜覆盖定植，定植植株行距离为30cm×40cm，在定植后追施益富源微生物营养液稀释水。越冬前应该注意炼苗，不宜肥水过多，防止莴苣苗期出现生长过旺。在第二年要及时清除杂草，浅中耕1次，利用地膜和大棚栽培的，则要施足底肥，注意通风管理。

6. 追肥

莴苣从定植到采收1个多月时间，若缺肥植株会生长不良，易发生先期抽薹现象，产量和品质下降，所以基肥要足。一般亩施腐熟人畜粪2500～3000kg或腐熟鸡粪1000kg、45%氮磷钾复合肥25～30kg，耕翻整地做畦。莴苣醒水活棵后酌情施1～2次稀粪肥，促进幼苗生长。莲座期后肉质茎开始膨大时，结合浇水，每亩冲施15～20kg尿素。

（三）主要病虫害

1. 病害

病毒病一定要提前防，而且防病毒的同时一定要加入锌肥，可以用宁南霉素加上瑞培锌。在莴苣定植之后缓苗5～7天，开始叶面喷施防病毒的药剂，7～10天喷施一次，连喷两次。

霜霉病一定要提前喷施保护剂预防，如果在没病的情况下莴苣定植12～15天，可以用70%炳森锌（安泰生）12～15天喷施一次。发生了霜霉病之后必须用叶面喷施治疗剂，可以用氟吡菌胺+霜霉威（银法利），每亩地需要50mL。

病害菌核病和灰霉病这两种病害防治起来是一样的，就是在莴苣的出笋期叶面喷施悬浮剂的扑海因。它的成分是益菌脲，还可以用抑霉唑（果多鲜），这两种药剂任选一种。

黑腐病（黑皮现象）和细菌性软腐病这两种病都是细菌性病害，针对这两种病害可以提前叶面喷施硝基腐殖酸铜（万家），每亩地用60g，两喷雾器水。

2. 虫害

虫害包括棉铃虫、菜青虫、小菜蛾，地里没有虫子的时候，为了杀卵，可以提前用虱螨脲（美除）。如果地里已经有虫子了可以提前喷氟虫双酰胺，来达到治虫的目的。

（四）采收

在茎充分肥大之前可以随时采收嫩株上市，当莴苣顶端与最高叶片的尖端相平时为收获莴苣茎的适期。

第三节 瓜类蔬菜栽培技术

瓜类即为葫芦科中以果实供食用栽培植物的总称。主要种类有黄瓜、西瓜、瓠瓜、中国南瓜、笋瓜、西葫芦、普通丝瓜、冬瓜、苦瓜和甜瓜等。瓜类蔬菜不但含有丰富的营养元素，同时像冬瓜、丝瓜、瓠瓜、苦瓜、西瓜和南瓜等都有药用功效，是保健蔬菜。

一、黄瓜

黄瓜别名“胡瓜”“王瓜”“青瓜”，葫芦科甜瓜属于一年生攀缘性植物。黄瓜营养丰富，气味清香，鲜食、熟食均可，同时还能加工成泡菜、酱菜等，是人们喜食的蔬菜之一，加之其品种类型丰富，适应性较强，所以分布十分广泛，是全球性的主要蔬菜之一。

（一）生长习性

黄瓜生长适宜温度为 18 ~ 25℃，并不耐寒。春天时要等到气温显著回升后才可以进行播种栽培。黄瓜根系主要集中在 0 ~ 30cm 土层中，主根深可达 1m。它好气性强，抗寒，吸肥能力弱，栽培要浅，适于肥沃、疏松的土壤。根系形成层浅，易老化，苗期发生快，育苗时间不宜过长，定植要保护根系。

播种至第 1 片真叶出现，一般 5 ~ 7 天，此阶段的生长量小、速度缓慢，需较高的温湿度和充足的光照，促进及早出苗，出苗整齐，防止徒长。

从第 1 片真叶展开至第 4 ~ 5 片真叶展开，一般需要 30 天左右。此阶段花芽开始分化，但生长中心仍为根、茎、叶等营养器官，管理目标为促控相结合，培育壮苗。从第 4 ~ 5 片真叶展开至第 1 个雌瓜坐瓜，大约需要 20 天，此时营养生长与生殖生长同时进行，生长中心逐步由营养生长转换为生殖生长，应该促控结合，促坐瓜控徒长。

从第 1 个雌瓜坐瓜以至拉秧，持续时间因栽培方式不同而不同。此阶段植株生长速度减缓，以果实及花芽发育为中心，应供给充足的水肥，促进结瓜，防止早衰。

（二）栽培技术

1. 整地

整地前或作物收割后，要及时将土地深耕翻整，并用 50% 多菌灵粉剂或者 50% 甲基托布津粉剂每亩喷洒 15kg 进行土壤消毒。

基肥底肥应该以腐熟的秸秆堆肥、牛马粪、鸡禽粪和猪圈粪为主。农家肥每亩施入 10000 ~ 15000kg、过磷酸钙 100kg，或磷酸二铵 30 ~ 50kg，其中 2/3 普施，另 1/3 沟施。按行距开沟，沟里浇大水，造足底墒。

做垄越冬茬黄瓜栽培一般采取大小垄，一是大行距 80cm，小行距 50cm，称为密植栽培；二是小行距 80cm，大行距 100cm，称为“稀植栽培”。

2. 培育壮苗

温室黄瓜栽培大多采用嫁接育苗。选择耐寒性强、耐低温、耐弱光、早熟、雌花节位低、坐瓜率高，而且抗病、丰产、优质的品种。砧木主要以云南黑子南瓜为砧木，与黄瓜亲和力强，抗旱、抗寒，根系生长旺盛，对黄瓜品质没有不良影响。

种子处理播种前先将种子用温汤浸种处理，催芽后再播种，目前生产上多采用插接和靠接。靠接法，黄瓜比南瓜早播 5 ~ 7 天；插接法，南瓜比黄瓜早播，南瓜出苗后播黄瓜。

苗床准备苗床营养土用田园土：有机肥按 6 ∶ 4 配制，每立方米营养土加入过磷酸钙 1kg、草木灰 10kg、50% 多菌灵、70% 甲基托布津 80 ~ 100g 与 90% 敌百虫粉 60g，拌匀过筛，装入苗床或装入塑料钵待用。

适期播种一般在 9 月下旬或 10 月上旬播种。实践表明：播种过晚，黄瓜幼苗及植株难以抵御 12 月至次年 1 月的恶劣天气；若播种过早，前期棚内温度偏高不易控制，易造成幼苗徒长，抗逆性差。

黄瓜嫁接有靠接和插接法，插接法中又分为直插和斜插，直插时砧木与接穗子叶方向呈“十”字形，斜插时用牙签固定。靠接法的插穗切口长与砧木切口长短相等，对切口深度要严格把握，切口长 0.5 ~ 0.7cm 即可。

嫁接后 1 ~ 2 天是伤口愈合期，是成活的关键时期，要保证棚内湿度达 95% 以上，前两天应全遮光。接后 4 ~ 10 天光照逐渐加强，中午强光时适当遮阴，接后 10 ~ 15 天黄瓜断根。壮苗标准：苗高 10 ~ 15cm，茎粗 0.6 ~ 0.7cm，具有 3 ~ 4 片叶，苗龄 35 天左右。

3. 定植

一般密植栽培的株距 20 ~ 25cm，稀植栽培的株距 28 ~ 30cm，保证两行植株之间形成一条灌水的垄沟。注意苗不要进行深栽，苗坨与垄面持平即可，注意不要把嫁接口埋到土里。

覆盖地膜定植后不要急于扣膜，应该是在反复锄划的基础上，尽量促进根系深扎，等栽后 15 天左右再覆盖地膜。

吊蔓吊绳一般采用尼龙线者聚丙烯绳等材料或尼龙网支架，这样可大大减少架材的遮阴。幼苗伸蔓生长，就开始吊蔓，植株每生长一段时间就要落蔓，落蔓幅度不要太大，为保证植株不受损害，最好在下午落蔓整枝。随着落蔓要摘除下部病黄叶、侧枝、卷须、雄花、畸形瓜和病瓜等。

（三）田间管理

1. 温度管理

越冬茬黄瓜生育期的温度采用大温差管理，大体分为三个阶段掌握。

根瓜膨大前第 1 片真叶以前，白天保持 25 ~ 30℃，夜间 16 ~ 18℃；从第 2 片真叶展开起，采用低夜温管理（清晨在 10 ~ 15℃）以促进雌花分化；5 ~ 6 片叶以后，晴天白天上午 25 ~ 32℃，下午 23 ~ 30℃，夜间 14 ~ 20℃。除了定植缓苗期采用稍高些的温度管理外，其余时间采用常温管理。

从结瓜到冬季结瓜以后进入严冬季节，光照开始变弱，逐步达到晴天上午 23 ~ 25℃，不能超过 28℃，午后 20 ~ 22℃，前半夜 16 ~ 18℃，后半夜到清晨 10 ~ 12℃，夜间温度不能超过 20℃。

越冬后到春季盛瓜期入春后，黄瓜转入产量高峰期，这时要求白天 25 ~ 28℃，但不能超过 32℃，早晨揭苫前温度达到 14 ~ 16℃。进入 3—4 月，为提早上市，也可以转入高温管理，晴天上午 30 ~ 35℃，夜间 18 ~ 20℃，但相应的肥水管理得跟上。

2. 浇水

根瓜坐稳前浇定植水、缓苗水后，4 ~ 6 片叶时应顺沟浇大水，以引导根系继续扩展。随后就转入适当控水阶段，根系膨大前一般不浇水，保墒、提高地温，促进根系向深入发展。

结瓜后严冬时节到来，在天气正常时，一般 7 天左右浇一次，随着气温下降，浇水每 10 ~ 12 天一次，在晴天的上午进行。

春季旺盛结瓜期需水量增加，大小垄都要灌水。一般 4 ~ 5 天浇一水；管理温度偏高的，根据情况可以 2 ~ 3 天浇一水，嫁接苗根系扎得深，需要加大一次浇水量，把水浇透，以保证深层根系的水分供应。

3. 追肥

越冬茬黄瓜结瓜期长达 4 ~ 5 个月，需肥的总量大，但要薄肥勤施，追肥量大时容易出现苦味瓜。摘第一次瓜后追一次肥，每亩用硫酸铵 20 ~ 30 kg。低温期一般 15 天左右追一次肥，每次每亩追硫酸铵 10 ~ 15kg；严冬时节搞好叶面追肥，但不可过于频繁，否则会造成药害和肥害。春季进入结瓜旺盛期后，追肥的间隔时间要逐渐缩短，追肥量要逐渐增大，每亩施入尿素 15 ~ 20 kg。

4. 特殊天气的管理

在寒流、阴雪、连阴天的特殊恶劣天气的情况下，要实施特殊的管理措施，以避免减少灾害性天气给生产造成损失。

在强寒流到来时，严密防寒保温，增加纸被和草帘等覆盖物，室内采取临时加温生火炉、点灯泡等措施。

下雪时要及时地清扫，防止棚面积雪增加骨架负荷导致温室骨架倒塌。

连阴天时及早采收瓜条，减少瓜条对养分的消耗，在不明显影响室内温度下降的情况下，尽量揭开草帘争取一定时间的散射光。天气骤晴后进行叶面追肥，以迅速补充养分和增加棚内湿度，若叶片出现严重萎蔫时，可适当进行临时遮盖。

（四）病虫害防治

黄瓜主要病害有霜霉病、细菌性角斑病、黑斑病、白粉病、炭疽病、灰霉病、疫病、枯萎病和病毒病等。虫害主要有瓜蚜、温室白粉虱与美洲斑潜蝇等。

1. 黄瓜枯萎病

主要危害：黄瓜的枯萎病为真菌性病害，又称“萎蔫病”“死秧病”“蔓割病”，是瓜类蔬菜的重要病害，本病菌仅侵染黄瓜和甜瓜，发生普遍，发病率高，毁灭性强，患病后黄瓜减产 30% ~ 50%，重者绝收。

症状识别：幼苗发病，子叶先变黄、萎蔫或者全株枯萎，茎基部变褐、缢缩、倒伏，维管束变褐色或呈立枯状。成株期发病，下部叶片、叶脉逐渐退绿，叶片呈掌状黄色病斑，黄叶逐渐向植株上部蔓延发展，全株叶片中午呈现萎蔫状，早晚恢复正常，反复数日之后，整株叶片萎蔫下垂，直至干枯死亡。横切茎基部，可看到维管束变黄褐色，这是枯萎病的重要特征。

防治措施：①种子消毒：用50%多菌灵可湿性粉剂500倍液、40%甲醛150倍液浸种1.5小时，然后用清水冲洗干净，再进行催芽播种，或用70℃恒温干热灭菌72小时后再播种。②药物防治：70%甲基硫菌灵（甲基托布津）可湿性粉剂0.5kg，掺细土50～60kg撒于定植穴里，或撒到病株根茎的周围。90%敌磺钠（敌克松）可湿性粉剂10g调成糊状，涂于患处，对已发病植株有效。

2. 白粉虱

危害特点成虫和若虫吸取植物汁液，使得叶片褪色、变黄、萎蔫，能分泌大量蜜露，污染果实和叶片，传播病毒病。

防治方法：

①调整生产茬口：前茬安排芹菜和甜椒等白粉虱危害轻的蔬菜。

②清理田园：生产中打下的枝杈、枯老叶及时处理掉，释放丽蚜小蜂或草蛉。

③药剂防治：在每株黄瓜有成虫2.7头以下时，用10%噻嗪酮（扑虱灵）乳油1000倍液；而虫量多时在1000倍液中加入少量的拟除虫菊酯类杀虫剂，喷2～3次即可有效地控制危害，还可用22%的敌敌畏烟剂，亩500g熏蒸。

（五）采收

采摘要分批次进行，如果坐果期遇上低温度连阴天，要及早采摘下部的瓜，必要时还要把一部分或大部分（有时是全部）的瓜纽疏掉，以保证瓜秧正常生长，为以后拿产量打好基础。结瓜初期要适当早摘、勤摘，防瓜坠秧，低温短日照到来以后，植株制造的养分有限，瓜坠秧的现象更容易出现，也要早摘勤摘，春暖以后，按商品要求采摘，充分发挥优良品种的增产潜力。

二、西葫芦（茭瓜）

西葫芦又名“茭瓜”，是深受人们喜爱的蔬菜之一，秋季种植西葫芦，其生育期短，能弥补秋淡季蔬菜供应的不足。若科学管理得当，效益还是挺可观的。

（一）生长习性

西葫芦最适生长温度为20 ~ 25℃，15℃以下便生长缓慢，气温低于8℃就停止生长，同时，25 ~ 30℃是西葫芦种子发芽适宜温度，在高于或者低于这个温度区间易出现徒长和发芽缓慢。西葫芦喜湿润，不耐干旱，病毒病容易在高温干旱的条件下发生，另外高温高湿也容易造成白粉病的发生。西葫芦对土壤要求不严格，沙土、壤土、黏土等均可栽培，土层深厚的壤土易获高产。

（二）栽培技术

1. 选地整地

西葫芦选择土层比较深厚的土壤，它的根系吸收能力较强，对肥水的吸收较快，在整地时将土壤施肥改良土质，可促进根系足够地吸收营养，达到高产的效果。施撒基肥可使用钾肥、农家肥、有机肥，与土壤混合在一起，均匀施撒在苗床上，改良土壤中的结构，深耕后细作，可以增加肥效，肥料不可偏施或者过施，要做到营养均衡，将肥料与土壤混合后留出一部分播种备用，开好种植沟，浇透待播。

2. 选种育苗

西葫芦一年分两季种植，春秋两茬，露地种植都采用春播。选种一般选择抗病能力较强、耐寒型的品种，选好种子后将种子催芽处理，使用温水浸芽法进行催芽，再将种子放在温度为25 ~ 30℃的环境下进行催芽。催芽过程不可暴晒，种子的数量比较多的情况下，每天轻轻翻动种子，出芽会比较整齐。翻动过程中不要损伤种子的嫩芽，1 ~ 2天嫩芽长到0.5 ~ 1cm时即可播种，不可让种子的嫩芽过长，播种应在晴天时进行。

3. 定植

定植时应深耕土壤20 ~ 30cm，在定植沟内施撒腐熟的农家肥、钾肥，将肥与细沙土搅拌，施撒在定植沟内。栽种应选择晴天8 ~ 11点进行，将幼苗的根系伸展开，直立地放在定植沟内，覆上一层肥土，定植后2 ~ 3天再浇水灌溉一次，检查幼苗的成活情况。除去弱苗、死苗，并且将田间杂草除掉，等到幼苗全部成活后再灌溉一次，浇水要适量，不宜大水漫灌，待土壤微干后进行一次深耕松土，可促进根系的健壮。

（三）田间管理

1. 温度管理

缓苗阶段不通风，提高棚温度，促生根。白天棚温应该保持25 ~ 28℃，夜间18 ~ 20℃，晴天中午棚温超过30℃时可适当通风。缓苗后白天棚温控制在20 ~ 25℃，夜间12 ~ 15℃，有利于雌花分化和早坐瓜。坐瓜后白天保持温度在22 ~ 26℃，夜间15 ~ 18℃，不低于10℃，加大昼夜温差会有利于营养积累和瓜的膨大。

2. 肥水管理

西葫芦定植后浇透水，控水到开花坐果，待第一瓜坐住后，浇第一水，以后的水分管理按浇花不浇瓜的原则进行。结瓜盛期需水量大，而在寒冬季节，应尽量少浇水或浇少水，以防降低地温。在西葫芦长势加快时，应进行追肥，配合氮、磷、钾，多施钾肥，每公顷施磷酸二铵300kg、硫酸钾400kg，以后追肥与尿素交替进行。

3. 整枝

到生长中后期，茎蔓在地上匍匐生长，为了充分接受阳光，必须采取吊蔓措施，并且及时摘除病、残、老叶以及侧芽、卷须，以免发生病害和消耗过多的养分。

（四）病害防治

防治霜霉病可于发病初期用45%百菌清烟雾剂燃雾，也可使用75%百菌清可湿性粉剂600倍液进行防治。

防治病毒病要在苗期喷药灭蚜，并且于发病初期选喷1.5%植病灵1000倍液，每5 ~ 7天喷1次，连喷两三次。

（五）采收

西葫芦以食用嫩瓜为主，达到商品瓜要求时再进行采收，长势旺的植株适当多留瓜、留大瓜，徒长的植株适当晚采瓜。长势弱的植株应少留瓜、早采瓜，采摘时不要损伤主蔓，瓜柄尽量留在主蔓上。

三、苦瓜

苦瓜别名“锦荔枝”“癞葡萄”“癞蛤蟆”和“凉瓜”等，是秋冬淡季的理想蔬菜品种。

（一）生长习性

苦瓜喜温耐热，不耐寒，种子发芽适温为 30 ~ 35℃，植株生长和开花结果适温为 20 ~ 30℃。苦瓜属短日照植物，在长日照条件下延期开花甚至不能开花，喜光照充足，开花期遇连续阴雨天易落花落果。苦瓜喜湿但不耐涝，对土壤适应性广，而以土层深厚、疏松肥沃的沙壤栽培较好。生长前期所需氮肥多，结果期要配合施入磷、钾肥。

（二）栽培技术

1. 播种育苗

苦瓜露地栽培必须安排在无霜期内进行。直播在 4 月底至 5 月上中旬进行，为提早栽培，一般在 3 月下旬至 4 月上旬利用阳畦或者温室播种育苗。

苦瓜种皮厚而硬，播种前要浸种催芽。即先将种子倒入 70 ~ 75℃的热水中并不断翻倒，使水温降到 30℃，再浸泡 12 小时，然后在 30℃下催芽，出芽后播种。

用纸筒或营养土块育苗，准备好的苗床浇透水，水渗下后撒一层细土，返潮后播种，覆土 2 ~ 3cm。苗床温度保持在 30℃左右，出齐苗后适当降温防徒长，定植前加强株苗管理。

2. 整地施基肥

栽培苦瓜选择地势高、排灌方便、土质肥沃的泥质土为宜，前茬作物最好是水稻田，忌与瓜类蔬菜连作。播前耕翻晒垡，整地做畦，每亩要施入基肥（腐熟的土杂肥）1500 ~ 2000kg、过磷酸钙 30 ~ 35kg。

3. 适当密植

苦瓜苗长出 3 ~ 4 片真叶时，可选择晴天的下午定植，行距 × 株距为 65cm × 30cm，一般密度 2000 ~ 2250 株 / 亩。定植不可过深，因为苦瓜幼苗较纤弱，栽深容易造成根腐烂而引起死苗，定植后要浇定苗水，促使其缓苗。

（三）田间管理

1. 温控管理

苗床棚内温度白天保持在 30℃左右，夜间不低于 15℃。第 1 片真叶至 4 片真叶期，中午应通风降温，保持 25 ~ 30℃，在移栽定植前 7 ~ 10 天，要控制水分，降低苗床温度，以后逐渐增加揭膜通风时间，直到完全不盖膜。

2. 移栽定苗

苗龄在 5 叶 1 心时转大田定植，4 月 25 日左右为适栽期。在整好的畦内扒穴，每畦两行，行距 1.2m，穴距 50cm，每穴施复合肥 20g 左右，每亩定植 1600 ~ 1700 株。

3. 搭好支架

苦瓜开始抽蔓时要搭好“人”字支架，架顶要使用横杆连接，固定架杆要选用长 2.5m，直径 3cm 的竹竿，前期要注意人工绑蔓，辅助瓜秧上架。

4. 整枝打岔

苦瓜上架后，主蔓 50cm 以下不能留瓜，应该把雌花摘掉以利于整体发育。待到主蔓坐稳 6 ~ 7 个瓜后，留 5 ~ 6 片叶打顶，同时摘除其余子蔓、孙蔓。

5. 肥水管理

苦瓜生育期长，采收期达 3 个多月，因此要保证水肥供应充足，特别是进入盛果期，如果遇干旱应每 7 天浇一次水。浇水之前应结合穴施尿素或复合肥每亩 7 ~ 10kg，如遇连阴雨，应注意排涝，同时叶面喷施磷酸二氢钾 2 次到 3 次。

（四）病虫害防治

苦瓜病害主要有炭疽病，多于中后期发生。防治应及时摘除残、烂、病叶，还可用 50% 托布津 800 ~ 1000 倍液，或用 70% 的百菌清可湿性粉剂 600 倍液于发病初期每天喷雾防治。虫害主要有蚜虫、菜青虫，可用敌杀死乳剂 1000 ~ 2000 倍液或 40% 乐果乳油 1500 倍液叶面喷洒。

（五）采收

开花后 12 ~ 15 天，当瓜条的瘤状或者条状突起比较饱满，果实有光泽、果顶颜色开始变淡时及时采收。

第四节　茄果类蔬菜栽培技术

茄果类蔬菜包括番茄、茄子、辣椒、酸浆和香艳茄等，其中番茄、茄子、辣椒是我国最主要的果菜。茄果类蔬菜不仅含有丰富的维生素、矿物盐、碳水化合物、有机酸及少量蛋白质等人体必需的营养物质，而且是加工制品的好原料。由于茄果类蔬菜产量高，生长及供应季节长，经济利用范围广泛，所以全国各地都普遍栽培。

共同特点：①茄果类蔬菜原产热带，性喜温暖，不耐寒冷。②对光周期反应不敏感，要求较强的光照和良好的通风条件，光照不足易引起徒长。③根系发达，生长旺盛，分枝力强。④具有许多共同的病虫害，在茬口安排上应当避免连作和与茄科作物轮作。

一、番茄

番茄，即西红柿，是管状花目、茄科、番茄属的一种一年生或多年生草本植物。体高 0.6 ~ 2m，全体生黏质腺毛，有强烈气味，茎易倒伏，叶羽状复叶或羽状深裂，花序总梗长 2 ~ 5cm。通常 3 ~ 7 朵花，花萼辐状，花冠辐状，浆果扁球状或近球状，肉质而多汁液，种子黄色，花果期夏秋季。

（一）生长习性

番茄性喜温喜光，短日照植物，能耐旱，但不耐涝，番茄喜水，植株地上部的茎叶繁茂，蒸腾作用较快。番茄根系发达，吸水力较强，生长期内不能缺水，土壤湿度宜在 60% ~ 80%，空气湿度宜在 45% ~ 50%，番茄适应性较强，对土壤条件要求不十分严格，土壤 pH 值 6 ~ 7 为宜。充足的光照能够促进养分的积累和转换，为植株生长输送充足的养分，使植株健壮，抗性强，防止徒长，有利于提高产量。番茄喜肥，需肥量较大，不同生育期所需养分也有所不同，宜在土壤肥沃，土层深厚，土质疏松，光照充足，排灌便利，无病虫害或病虫害低发，远离污染有洁净水源的田地种植。

（二）栽培技术

1. 整地施基肥

越冬栽培番茄的生长期长，产量高，对肥料的需求量大，要保持番茄高产首先要施足基肥。以亩产 15000kg 计算，每亩的参考肥量为：腐熟鸡粪 6 ~ 8m³、生物有机肥 8 ~ 10 袋（也可不用鸡粪直接用生物有机肥 20 ~ 25 袋）、复合肥（硫酸钾型 15 — 15 — 15）50 ~ 100kg、硫酸钾 20 ~ 40kg、过磷酸钙（最好跟有机肥混合使用）30 ~ 40kg、杀菌及杀线虫剂适量。

2. 生长期管理

育苗床选用优质园土和贵和生物有机肥以 7 ∶ 3 或 6 ∶ 4 的比例混合，

加入适量杀菌剂，过筛后装营养钵，将营养钵浇透水，播种（事先催芽），覆盖湿潮土。

近年来，工厂化育苗得以迅速发展，越来越多的农民在生产中直接购买幼苗，自己育苗的越来越少，但工厂化育苗中助壮素的大量使用往往导致定植后植株生长停滞，缓苗慢。针对这一问题，可以在浇缓苗水时随水冲施绿源生冲施肥，用量为 3 ~ 5L/ 亩，可有效地促进发根，加快缓苗。注意浇水后要及时划锄，一般应由浅到深连续划锄 3 ~ 4 次，有利于保持土壤水分，增加土壤透气性，并且促进根系向下生长，强健植株，减少病害发生。

培土部分地区的种植习惯是，平畦定植，15 ~ 20 天后培土。一般结合培土可施入贵和生物有机肥 6 ~ 8 袋 / 亩，培土后覆盖地膜，于地膜下浇水，此后，直至旺盛生长期一般不再浇水。

控制旺长番茄根系吸收能力强，植株容易徒长，营养生长过盛，不利于花芽的分化，因此要适时控制旺长。特别是在第一穗果坐果前，浇定植水后要进行适当控水，同时要控制好温度，特别是要保持较低的夜温。当植株徒长时可喷施“矮壮素＋绿源生叶面肥”，以抑制植株的营养生长，促进花芽分化，为后期高产稳产打好基础。

3. 旺盛生长期的管理

番茄在第一花序坐果前，土壤水分过多容易引起植株徒长、根系发育不良，造成落花。第一花序果实膨大生长后，枝叶迅速生长，需要增加水分供应。盛果期需要大量水分供给，除了果实生长需水外，还要满足花序发育对水分的需求。此时期营养生长和生殖生长同时进行，对养分的需求量大，合理施肥浇水，协调营养生长和生殖生长是番茄丰产的关键。

追肥，冬季保护地栽培的番茄一般在第二穗果坐住、第三穗开花前后开始追肥，此时，第一穗果长至核桃大小，标志着进入旺盛生长期。可随水冲施肥和氨基酸冲施肥 2 ~ 3 桶 / 亩，同时可喷施地丰叶面肥 300 ~ 500 倍液，7 天一次，连用 2 ~ 3 次。一般在严冬来临前浇水 3 ~ 4 次，不能浇空水，可以交替冲施复合肥和氨基酸冲施肥。

在寒冬来临前，随水冲施地丰冲施肥 5 ~ 10L（1L/ 瓶），可有效提高地温，强健植株，减少或避免生理性病害。

严冬季节（12 月至次年 2 月），看植株浇水，提倡小水勤浇，杜绝浇大水，浇水时随水冲施绿源生冲施肥可有效防止死棵现象的发生。翌年春天，4 月初，开始从底部放风后，可加大肥水管理。

（三）病害的防治

冬季保护地栽培中的病害的防治要以防为主，在严寒来临、病害多发时期前开始防治，可用广谱性杀菌剂进行早期预防，一般每间隔 6 ~ 7 天一次，连续使用 2 ~ 3 次。

（四）采收

适时采果，番茄成熟有绿熟、变色、成熟、完熟 4 个时期。储存保鲜可在绿熟期采收；运输出售可在变色期（果实的 1/3 变红）采摘；就地出售或自食应在成熟期即果实 1/3 以上变红时采摘，采收时应轻摘轻放，摘时最好不带果蒂，以防装运中果实相互被刺伤。初霜前，如还有熟不了的青果，应该采下后储藏在温室内，等待果实变熟后再上市，这样既延长了供应期，又增加了经济效益。在果实后熟期不宜用激素刺激果实着色，经精选后装箱销售，它的好处在于既降低了生产成本、改善了果品品质，又保障了消费者的食用安全。

二、茄子

茄子原产于印度，在我国栽培历史悠久，分布很广，为夏、秋季的主要蔬菜。其品种资源极为丰富，一些种子公司也开始生产和经营杂交茄子种子，从而大大提高了茄子的单位面积产量，茄子的营养成分比较丰富。

（一）整地做畦施基肥

茄子根系较发达，吸肥能力强，如想要获得高产，宜选择肥沃而保肥力强的黏壤土栽培，不能与辣椒、番茄和马铃薯等茄科作物连作，要与茄科蔬菜轮作 3 年以上。在茄子定植前 15 ~ 20 天，翻耕 27 ~ 30cm 深，做成 1.3 ~ 1.7m 宽的畦。

茄子是高产耐肥作物，多施肥料对增产有显著效果。苗期多施磷肥，可以提早结果，结果期间，需氮肥较多，充足的钾肥可以增加产量。一般每亩施猪粪或人粪尿 40 ~ 50 担、过磷酸钙 15 ~ 25kg、草木灰 50 ~ 100kg，在整地时与土壤混合，也可以进行穴施。

（二）播种育苗

播种育苗的时间，需要看各地气候、栽培目的与育苗设备来定。一般在 11 月上中旬利用温床播种，用温床或冷床移植，如用工厂化育苗可在 2 月上中旬播种。播种前宜先浸种，播干种则发芽慢，且出苗不整齐。

茄子种子发芽的温度，一般要求在 25 ~ 30℃，经催芽的种子播下后 3 ~ 4 天就可出土。茄子苗生长比番茄、辣椒都慢，所以需要较高的温度。育茄子苗的温床，宜多垫些酿热物，晴天日温应该保持 25 ~ 30℃，夜温不低于 10℃。

苗床增施磷肥，可以促进幼苗生长及根系发育。在幼苗生长初期，需间苗 1 ~ 2 次，保持苗距 1 ~ 3cm，当苗长有 3 ~ 4 片真叶时移苗假植，此后施稀薄腐熟人粪尿 2 ~ 3 次，以培育出壮苗。

（三）定植

茄子要求的温度比番茄、辣椒要高些，所以定植稍迟，南昌地区一般要到 4 月上中旬进行。为了使秧苗根系不受损伤，起苗前 3 ~ 4 小时应将苗床浇透水，使根能多带土。定植要选在没有风的晴天下午进行，定植深度以表土与子叶节平齐为宜，栽后浇上定根水。

栽植的密度与产量有很大关系。早熟品种宜密些，中熟品种次之，晚熟品种的行株距可以适当放大，其次与施肥水平的关系也很大，即肥料多可以栽稀些，肥料少要密一点，这样能充分利用光能，提高产量。一般在 80 ~ 100cm 宽的小畦上栽两行，早熟品种的行株距为 50cm × 40cm，中晚熟品种为（70 ~ 80）cm ×（43 ~ 50）cm。

（四）田间管理

追肥茄子是一种高产的喜肥作物，它以嫩果供食用，结果时间长，采收次数多，故需要较多的氮肥、钾肥。如果磷肥施用过多，会促使种子发育，以致籽多，果易老化，品质降低，所以生长期的合理施肥是保证茄子丰产的重要措施之一。当定植成活后，每隔 4 ~ 5 天结合浇水施 1 次稀薄腐熟人粪尿，催起苗架；当根茄结牢后，要重施 1 次人粪尿，每亩 20 ~ 30 担。这次施肥与植株生长和以后产量关系很大，以后每采收 1 次，或者隔 10 天左右追施人粪尿或尿素 1 次。施肥时不要把肥料浇在叶片或果实上，否则会引起病害发生并影响光合作用的进行。

排水与浇水茄子既需要水又怕涝，在雨季时要注意清沟排水，发现田间积水应立即排除，以防涝害及病害发生。

茄子叶面积大，蒸发水分多，不耐旱，所以需要较多的水分。如土壤中水分不足，则植株生长缓慢，落花多，结果少，已结的果实果皮粗糙、品质差，宜保持 80% 的土壤湿度。干时灌溉能显著增产，灌溉方法有浇灌、沟灌两种，地势不平的以浇灌为主，土地平坦的可行沟灌。沟灌的水量以低于畦面 10cm 为宜，切忌漫灌，灌水时间以清晨或者傍晚为好，灌溉后及时把水排除。

在山区水源不足，浇灌有困难的地方，为了保持土壤中有适当的水分，还可以采取用稻草、树叶覆盖畦面的方法，以减少土表的水分蒸发。

中耕除草和培土茄子的中耕除草与追肥是同时进行的。中耕除草并让土壤晒白后要及时追上稀薄人粪尿，中耕还能提高土温，促进幼苗生长，减少养分消耗。中耕中期可以深些，5 ~ 7cm，后期宜浅些，约 3cm，当植株长到 30cm 高时，中耕可结合培土，把沟中的土培到植株根际。对于植株高大的品种，要设立支柱，以防被大风吹歪或折断。

整枝，摘老叶茄子的枝条生长以及开花结果习性相当有规则，所以整枝工作不多，一般将靠近根部的过于繁密的 3 ~ 4 个侧枝除去。这样可免枝叶过多，增强通风，使果实发育良好，不利于病虫繁殖生长，但在生长强健的植株上，可以在主干第一花序下的叶腋留 1 ~ 2 条分枝，以增加同化面积及结果数目。

茄子的摘叶比较普遍，南昌市、南京市、上海市、杭州市和武汉市等地的菜农认为摘叶有防止落花、果实腐烂和促进结果的作用。尤其在密植的情况下，为了早熟丰产，摘除一部分老叶，使得通风透光良好，亦便于喷药治虫。

防止落花：茄子落花的原因很多，主要是光照微弱、土壤干燥、营养不足、温度过低及花器构造上有缺陷。

防止落花的方法：在茄子开花时，喷射 50mg/kg（1mL 溶液加水 200g）的水溶性防落素效果很好。浙江大学农学院蔬菜教研室在杭州用藤茄做的试验说明，防止 4 月下旬的早期落花，可以用生长刺激剂处理，其方法是用 30mg/kg 的 2.4 — D 点花。经处理后，既防止了落花，又提早 9 天采收，增加了早期产量。

三、辣椒

辣椒，又叫“番椒”“海椒”“辣子”“辣角”和“秦椒”等，是辣椒属茄科一年生草本植物。果实通常呈圆锥形或长圆形，未成熟时呈绿色，成熟时变成鲜红色、黄色或紫色，以红色最为常见。辣椒的果实因果皮含有辣椒素而有辣味，能增进食欲，辣椒中维生素 C 的含量在蔬菜中居第一位。

辣椒原产于中南美洲热带地区，是喜温的蔬菜。在 15 世纪末，哥伦布发现美洲之后把辣椒带回欧洲，并且由此传播到世界其他地方，于明代传入我国。我国各地普遍栽培，成为一种大众化蔬菜，其产量高，生长期长，从夏到初霜来临之前都可采收，是我国北方地区夏、秋淡季的主要蔬菜之一。

（一）露地栽培

早春育苗，露地定植为主。

1. 种子处理

要培育长龄壮苗，必须选用粒大饱满、无病虫害、发芽率高的种子。育苗一般在春分至清明，将种子在阳光下暴晒 2 天，促进后熟，提高发芽率，杀死种子表面携带的病菌。用 300 ~ 400 倍液的高锰酸钾浸泡 20 ~ 30 分钟，以杀死种子上携带的病菌，反复冲洗种子上的药液后，再用 25 ~ 30℃的温水浸泡 8 ~ 12 小时。

2. 育苗播种

在苗床做好后要灌足底水，然后撒上薄薄一层细土，将种子均匀撒到苗床上，再盖一层 0.5 ~ 1cm 厚的细土，最后覆盖小棚保湿增温。

3. 苗床管理

播种后 6 ~ 7 天就可以出苗，70%小苗拱土后，要趁叶面没有水时向苗床撒细土 0.5cm 厚，以弥缝保墒，防止苗根倒露。苗床要有充分的水供应，但又不能使土壤过湿。辣椒高度到 5cm 时就要给苗床通风炼苗，通风口要根据幼苗长势及天气温度灵活掌握，在定植前 10 天可露天炼苗，幼苗长出 3 ~ 4 片真叶时进行移植。

4. 定植

在整地之后进行。种植地块要选择近几年没有种植茄果蔬菜和黄瓜、黄烟的春白地，刚刚收过越冬菠菜的地块也不好。在定植前 7 天左右，每亩地施用土杂肥 5000kg、过磷酸钙 75kg、碳酸氢铵 30kg 做基肥。定植的方法有两种：畦栽和垄栽，主要是垄作双行密植，即垄距 85 ~ 90cm，垄高 15 ~ 17cm，垄沟宽 33 ~ 35cm。施入沟肥，撒均匀即可定植，株距 25 ~ 26cm，呈双行，小行距 26 ~ 30cm，错掩栽植，形成大垄双行密植的格局。

5. 田间管理

苗期应蹲苗，进入结果期至盛果期，开始肥水齐攻，盛果期后旱浇涝排，保持适宜的土壤湿度。在定植 15 天后追磷肥 10kg、尿素 5kg，并结合中耕培土高 10 ~ 13cm，以保护根系防止倒伏。进入盛果期后管理的重点是壮秧促果，要及时摘除门椒，防止果实坠落引起长势下衰。结合浇水施肥，每亩追施磷肥 20kg、尿素 8kg，并再次对根部培土，注意排水防涝。要结合喷施叶面肥和激素，以补充养分和预防病毒。

6. 及时采收

果实充分长大，皮色转浓绿，果皮变硬而有光泽便是商品性成熟的标志。

（二）大棚栽培

1. 育苗

选用早熟、丰产、株形紧凑、适于密植的品种是辣椒大棚栽培早熟的关键，可选用农乐、中椒 2 号、甜杂 2 号、津椒 3 号、早丰 1 号和早杂 2 号等。播种期一般在 1 月上旬至 2 月上旬。

2. 定植

在 4 ~ 5 月，既可畦栽也可垄栽，双行定植，选择晴天上午定植。由于棚内高温高湿，辣椒大棚栽培密度不能太大，过密会引起徒长，光长秧不结果或落花，也易发生病害，造成减产。为便于通风，最好采用宽窄行相间栽培，即宽行距 66cm，窄行距 33cm，株距 30 ~ 33cm，每亩 4000 穴左右，每穴双株。

3. 定植后的管理

在定植时浇水不要太多，棚内白天温度 25 ~ 28℃，夜间以保温为主。过 4 ~ 5 天后，浇 1 次缓苗水，连续中耕 2 次，即可蹲苗。开花坐果前土壤不干不浇水，待第一层果实开始收获时，要供给大量的肥水，辣椒喜肥、耐肥，所以追肥很重要。多施有机肥，增施磷钾肥，有利于丰产并能提高果实品质。盛果期再追肥灌水 2 ~ 3 次。在撤除棚膜前应灌 1 次大水，此外还要及时培土，防倒伏。

4. 保花保果及植株调整

为了提高大棚辣椒坐果率，可用生长素处理，保花保果效果较好。2.4－D 质量分数为 15 ~ 20mg/kg，10 点以前抹花效果比较好，扣棚期间共处理 4 ~ 5 次。辣椒栽培不用搭架，也不需整枝打杈，但为防止倒伏，对过于细弱的侧枝及植株下部的老叶可以疏剪，以节省养分，有利于通风透光。

第五节 豆类蔬菜栽培技术

豆类蔬菜是以嫩豆荚或嫩豆粒作为蔬菜食用的栽培种群。栽培历史在 6000 年以上，包括菜豆、红花菜豆、豇豆、菜用大豆、豌豆、蚕豆、蔓生刀豆、扁豆、四棱豆、藜豆和油豆 11 个种。

豆类蔬菜营养价值高，富含蛋白质、碳水化合物、脂肪、钙和磷等矿物质和多种维生素。其不仅味道鲜美而且营养价值高，我国南北各地都非常喜食，并且种植过程中根部能形成根瘤，是根瘤菌与根系共生所致，可以从空气中吸收游离氮，合成植物可利用的氮素物质，是为数不多有固氮能力的蔬菜作物，是茄果类、瓜类、叶菜类及根茎类等诸多种类蔬菜很好的轮作倒茬作物。由于根系比较发达，有较好的耐旱能力，所以又是节水的蔬菜作物。

一、菜豆

菜豆又称“四季豆”“芸豆”、“茬豆”“春分豆”，豆科菜豆属于一年生蔬菜，起源于美洲中部和南部，在 16 世纪传入我国，全国各地普遍栽培。菜豆主要以嫩荚为食，其营养价值高、肉质脆嫩、味道鲜美，深受消费者的喜爱。

（一）品种选择

选用熟期适宜、丰产性好、生长势强、优质、综合抗性好的品种，如 2504 架豆、绿龙菜豆、烟芸 3 号、双丰 1 号或泰国架豆王等。

（二）种子处理

选择籽粒饱满、有光泽的新种子，剔去有病斑、虫伤、霉烂、机械混杂或已经发芽种。选晴天中午暴晒种子 2 ~ 3 天，进行日光消毒和促进种子之后熟，提高发芽势，使发芽整齐。

（三）培育壮苗

春茬菜豆的适宜苗龄为 25 ～ 30 天，需在温室内育苗，用充分腐熟的大田土作为营养土（土中忌掺农家肥和化肥，否则易烂种）。播种前先将菜豆种子晾晒 2 天，用福尔马林 300 倍液浸种 4 小时用清水冲洗干净，然后将种子播于 7cm × 7cm 的营养钵中，每钵播 3 粒，覆土 2cm，最后盖膜增温保湿。出苗前不通风，白天气温保持 18 ～ 25℃，夜间在 13 ～ 15℃；出苗后，日温降至 15 ～ 20℃，夜温降至 10 ～ 15℃。第 1 片真叶展开后应该提高温度，日温 20 ～ 25℃，夜温 15 ～ 18℃，以促进根、叶生长和花芽分化。定植前 4 ～ 6 天逐渐降温炼苗，日温 15 ～ 20℃，夜温 10℃左右。菜豆幼苗较耐旱，在底水充足的前提下，定植前一般不再浇水，苗期尽可能改善光照条件，防止光照不足引起徒长，幼苗 3 ～ 4 片叶时即可定植。

（四）整地定植

选择土层深厚、排水透气良好的砂壤土地块栽培。定植前结合精细整地施入充分腐熟的有机肥每亩 4000 ～ 5000kg、三元复合肥或者磷酸二铵每亩 30 ～ 40kg 做基肥。

定植一般在 3 月中旬前后，苗龄 30 天左右。采用高垄地膜覆盖法，垄高 20 ～ 23cm，大行距 60 ～ 70cm，小行距 45 ～ 50cm，穴距 28 ～ 30cm，每穴双株，栽 4000 ～ 6000 株 / 亩。

（五）定植后的管理

定植之后闭棚升温，日温保持在 25 ～ 30℃，夜温保持在 20 ～ 25℃，缓苗后，日温降至 20 ～ 25℃，夜温保持在 15℃。前期注意保温，3 月后外界温度升高，注意通风降温；进入开花期，日温保持在 22 ～ 25℃，有利于坐荚，当棚外最低温度达 23℃以上时昼夜通风。

菜豆苗期根瘤的固氮能力差，管理上应施肥养蔓，及时搭架引蔓，防止相互缠绕，可在缓苗后追施尿素每亩 15kg，以利根系生长和叶面积扩大。开花结荚前，要适当蹲苗控制浇水，一般“浇荚不浇花”，否则容易引起落花落荚。当第 1 花序嫩荚坐住长到半大时，结合浇第 1 次水冲施三元复合肥每亩 10 ～ 15kg，以后每采收 1 次就追肥 1 次，浇水后注意通风排湿。

结荚后期，及时剪除老蔓和病叶，以改善通风透光条件，促进侧枝再生和潜伏芽开花结荚。

（六）采收

菜豆开花后 10 ~ 15 天，可以达到食用成熟度，采收标准为豆荚由细变粗，荚大而嫩，豆粒略显。结荚盛期，每 2 ~ 3 天可采收 1 次，用拧摘法或剪摘法及时采收，采收时要注意保护花序和幼荚，采大留小，采收过迟，容易引起植株早衰。

二、豇豆

豇豆又名“豆角”“长豆角”和“带豆”等，原产于非洲热带草原地区，是夏秋淡季的主要蔬菜之一。

（一）整地播种

结合整地，每亩施入充分腐熟的有机肥 $4m^3$ 左右，然后做成宽 1.3m 的低畦或 65 ~ 75cm 的垄畦。

（二）播种

春季宜在地温 10 ~ 12℃以上时播种。直播，一般行距 60 ~ 75cm，株距 25 ~ 30cm，每穴播 3 ~ 4 粒，播种深度约 3cm，每亩用种 3 ~ 4kg。

（三）育苗与定植

豇豆育苗移栽可提早采收，增加产量。为保护根系，用直径约 8cm 的纸筒或营养钵育苗，每钵播 3 ~ 4 粒，播种后覆塑料小拱棚，在出土后至移植前，保持 20 ~ 25℃，床内保持湿润而不过湿。苗龄 15 ~ 20 天，2 ~ 3 片复叶时定植，行距 60 ~ 80cm，株距 25 ~ 30cm，每穴 2 ~ 3 株，夏秋可留 3 ~ 4 株，矮生种可以比蔓生种较密些。

（四）搭架摘心

当植株生长有 5 ~ 6 片叶时搭“人”字形架引蔓上架。第一花序以下的侧枝彻底去除，生长中后期，对中上部侧枝留 2 ~ 3 片叶摘心，主蔓 2m 以后及时摘心打顶，以使结荚集中，促进下部侧花芽形成。

摘心、引蔓宜在晴天中午或者下午进行，便于伤口愈合和避免折断。

（五）肥水管理

开花结荚前，控制肥水，防徒长。当第一花序开花坐果，其后几节花序显现时，浇足头水，中下部豆荚伸长，中上部花序出现后，浇二水，以后保持地面湿润。

追肥结合浇水进行，隔一水一肥。7 月中下旬出现伏歇现象时适当增加肥水，促进侧枝萌发，形成侧花芽，并使原花序上的副花芽开花结实。

（六）采收

开花后 15 ~ 20 天，豆荚饱满，种子刚显露时采收。第一个荚果宜早采，采收时，按住豆荚基部，轻轻向左右转动，然后摘下，避免碰伤其他花序。

三、豌豆

豌豆是豆科豌豆属于一年生或者二年生攀缘性草本植物，别名为荷兰豆、回回豆、青斑豆、麻豆或金豆等，全国各地都有栽培。

豌豆每 100g 嫩荚含水 70.1 ~ 78.3g、碳水化合物 14.4 ~ 29.8g、蛋白质 4.4 ~ 10.3g、脂肪 0.1 ~ 0.6g、胡萝卜素 0.15 ~ 0.33mg，还含有人体必需的氨基酸。豌豆的嫩荚、嫩豆可炒食，同时嫩豆又是制罐头和速冻蔬菜的主要原料。

（一）栽培制度与栽培季节

东北大部分地区仅能春、夏播种，夏、秋收获，也可利用日光温室或塑料拱棚进行豌豆春提前、秋延后栽培和冬茬栽培。

豌豆忌连作，应实行 4 ~ 5 年甚至 8 年的轮作，保护地栽培多和番茄、辣椒套作，特别是在黄瓜后期套作，待黄瓜拉秧后即上架栽培。

（二）菜用豌豆的露地栽培技术

1. 整地和施肥

豌豆的根系分布较深，须根多，因此宜选择土质疏松、有机质丰富的酸性小的沙质土或砂壤土，酸性大的田块要增施石灰，要求田块排灌方便，能干能湿。

豌豆主根发育早而快，故在整地和施基肥时应特别强调精细整地和早施肥，这样才能保证苗齐苗壮。北方春播宜在秋耕时施基肥，一般施复合肥 450kg/hm^2 或饼肥 600kg/hm^2 、磷肥 300kg/hm^2 、钾肥 150kg/hm^2 ，北方多用平畦，低洼多湿地可做成高垄栽培。

2. 播种

人工选择粒大饱满、均匀、无病斑、无虫蛀、无霉变的优质种子，播前翻晒 1 ~ 2 天，并进行种子处理。方法有两种：一是低温处理，即先浸种，用水量为种子容积量的一半，浸泡 2 小时，并上下翻动，使种子充分均匀湿润，种皮发胀后取出，每隔 2 小时再用清水浇一次。经过 20 小时，种子开始萌动，胚芽外露，然后在 0 ～ 2℃低温下处理 10 天，取出后便可播种。试验证明，低温处理过的种子对照结荚节位降低 2 ～ 4 个，采收期提前 6 ～ 8 天，产量略有增加。二是根瘤菌拌种处理，即用根瘤菌 225 ～ 300g/hm²，加入少量水与种子充分拌匀即可播种，条播或穴播。一般行距 20 ～ 30cm、株距 3 ～ 6cm 或穴距 8 ～ 10cm，每穴两三粒，用种量 10 ～ 15kg/ 亩。而株型较大的品种一般行距 50 ～ 60cm，穴距 20 ～ 23cm，每穴两三粒，用种量 4 ～ 5kg/ 亩。播种后踩实，以利种子与土壤充分接触、吸水并保墒，盖土厚度 4 ～ 6cm。

（三）田间管理

1. 肥水管理

豌豆有根瘤菌固氮，对氮素的要求不高，为了多分枝、多结荚夺取高产，除施基肥外，还应适时适量施好苗肥和花荚肥。前期若要采摘部分嫩梢上市，基肥中应增加氮肥用量，以促进茎叶繁茂，减少后期结荚缺肥的影响。现蕾开花前浇小水，并追施速效性氮肥，促进茎叶生长和分枝，并可防止花期干旱。开花期不浇水，中耕保墒防止发生徒长，待基部荚果已坐住，再开始浇水，并追施磷、钾肥，以利增加花数、荚数和种子粒数。结荚盛期保持土壤湿润，促进荚果发育，待荚果数目稳定，植株生长减缓时，减少水量，防止倒伏。大风天气不浇水，防止倒伏。蔓生品种，生长期较长，一般应在采收期间再追施一次氮、钾肥，以防止早衰，延长采收期，提高产量。

豌豆对微量元素钼的需要量较多，在开花结荚期间可用 0.2% 钼酸铵进行根外喷施 2 ～ 3 次，可有效提高产量和品质。

2. 中耕培土

豌豆出苗后，应及时中耕，第一次中耕培土在播种后 25 ～ 30 天进行，第二次在播后 50 天左右进行。台风暴雨后及时进行松土，防止土壤板结，改善土壤通气性，促进根瘤菌生长。前期松土可适当深锄，后期以浅锄为主，注意不要损伤根系。

3. 搭棚架

蔓生性的品种，在株高 30cm 以上时就生出卷须，要及时搭架。半蔓生性的品种，在始花期有条件的最好也搭简易支架，防止大风暴雨后倒伏。

4. 栽培中易出现的问题与对策

豌豆容易发生落花落荚问题，其与植株密度过大、肥水过多、营养生长过旺、开花期空气干热、遇热风或大风天气、开花期土壤干旱或渍水等因素有关。应选用优良品种，适时早播，并加强肥水管理工作，保证营养生长和生殖生长的平衡，以减轻落花、落荚。

（四）大棚栽培技术

豌豆大棚秋、冬栽培是继大棚春季提早拉秧后，利用豌豆幼苗期适应性强的特点，在炎夏育苗移栽，到中后期适于豌豆的结果期而达到栽培目的，对于解决秋淡季的蔬菜供应能起到一定的作用。

1. 育苗定植

在北方地区，大棚内前作拉秧后进行耕翻。施 37500 ~ 45000kg/hm² 厩肥、300 ~ 375kg/hm² 过磷酸钙，在全面撒施后，按照春、夏栽培方法整地、定植。

2. 水肥管理与中耕、培土

播种出苗后或秧苗定植后，到豌豆显蕾以前，需要严格控制水肥，防止幼苗期徒长，这是决定秋、冬豌豆丰产的关键环节之一。因为这个时期正值北方雨季，虽然大棚内无雨，但往往因通风口大或棚布漏雨和前作灌水多，使棚内湿度大，加之温度偏高，容易造成植株徒长，侧枝分化多，结荚部位上升，最终延迟采收，会大大降低产量，所以除不灌水肥外，要加强中耕和培土。一般每隔 7 ~ 10 天就要进行一次中耕松土，到抽蔓时就应搭架。8 月中旬以后，气候转凉，同时花已结荚，就可以开始施肥灌水，每隔 10 ~ 15 天一次。至 10 月上旬以后，气温降低，可停止施肥。

3. 温度管理

8 月上旬以前要大通风，要将棚布四周和天窗开大些；8 月中旬以后夜温至 15℃以下，就应将通风口缩小；9 月中旬以后就只通天窗，这段时间白天和夜间一般能保持室温，也正是结果盛期。10 月中旬以后，只能在中午进行适当通风；到 10 月下旬，一般不通风，更要注意保温防寒。北方地区在不加温的大棚内，豌豆生长可维持到 11 月中下旬。

4. 大棚豌豆的收获

大棚豌豆栽培的目的是收获豆粒或嫩荚，只要豆荚充分肥大即可采收，但豌豆的豆荚是自下而上相继成熟的，必须分期及时采收，过早过晚都影响品质。一般硬荚种，最适收获期为开花后 13 ~ 15 天，荚仍然为深绿色或开始变为浅绿色，以豆粒长到充分饱满为准。软荚豌豆以食嫩荚为主，一般在开花后 7 ~ 10 天即可采收，荚已充分肥大，而籽粒尚未发达时为宜。

（五）除草

旱地豌豆的主要杂草是野燕麦，一般株数在 225 万 ~ 375 万株 /hm^2，使得豌豆减产 30% 以上。为保高产，一般采用两种方式除草，一是在播种前进行药剂土壤处理，用燕麦畏 3750mL/hm^2，兑水 600kg 进行喷雾，然后耙地播种，将野燕麦消灭在出土前，防止土壤养分的消耗；二是当野燕麦生长到 2 ~ 3 叶之时，用 10.8% 高效盖草能乳油，兑水 450kg 进行叶面喷雾，防效均达 95% 以上。

（六）病虫害防治

1. 病害防治

白粉病是豌豆上最重要的一种病害。病重时，叶的正面和背面覆盖一层白色粉状物，受害较重的叶片迅速枯黄脱落，豆荚早熟或畸形，种子干瘪，产量降低。防治：避免重茬和在低洼地上种豌豆，合理密植，加强田间管理。

豌豆锈病主要危害叶片，严重时叶柄和豆荚也受害。病株茎叶上有圆形褐色小斑点，叶片早落，豆类的食用价值大减，低洼潮湿地块发病重，迟播、迟熟的豌豆发病也重。防治：实行 3 ~ 4 年轮作，清除病株，深耕灭茬，减少病源。发病初期喷 50% 萎锈灵乳油 800 ~ 1000 倍液，或者 50% 多菌灵可湿性粉剂 800 ~ 1000 倍液，7 ~ 10 天喷 1 次，共喷 2 ~ 3 次。

2. 虫害防治

豌豆象仅危害豌豆，可随着豌豆调运而长距离传播。幼虫蛀食豆粒，将豆粒中心部吃成空洞，影响发芽和品质，降低出粉率，并有异味，难以食用。防治：选用早熟品种，使豌豆的开花期避开成虫的产卵期以减轻危害。在豌豆的盛花期喷洒 50% 马拉硫磷乳油或 90% 晶体敌百虫各 1000 倍液，或 2.5% 敌杀死乳油 5000 倍液。潜叶蝇豌豆上的一种主要害虫，主要危害豌豆叶，严重时全叶枯萎，豌豆苗受害后失去食用价值。成虫常在其嫩荚上产卵，造成大量斑荚，明显降低产品的商品合格率。防治：清除有虫植株、叶片和杂草。叶片上出现虫道时喷菊杀乳油 2000 ~ 3000 倍液，或者 90% 晶体敌百虫和辛硫磷乳油各 1000 倍液。

（七）收获

一般从7月初开始，当豌豆植株茎叶和荚果绝大部分转黄，茎梢枯干时，应当及时收获，防止炸荚落粒。

第六节 葱蒜类蔬菜栽培技术

葱蒜类蔬菜属于百合科葱属的二年生或者多年生草本植物，并具有一种特殊的气味，其种类繁多，主要有韭菜、洋葱、大葱、大蒜、分葱、韭葱和薤等，我国栽培的主要有韭菜、葱、大蒜、洋葱和韭葱等。北方栽培大葱较多，南方则以各种分葱栽培较多，至于韭菜、大蒜南北方各地都普遍栽培。

葱蒜类蔬菜根系浅，为草质不定根，吸肥力弱，但对养分需求量较高，适宜在富含有机质，疏松透气，保水保肥性能好的土地种植。对养分的需求一般以氮为主，其次是钾，需磷相对较少，为获得高产必须大量增施有机肥，施足基肥并增加追肥次数。这类蔬菜对养分的需求量以大蒜最高，其次才是大葱、洋葱、韭菜。

一、大葱

大葱为百合科葱属二年生，以假茎和嫩叶作为产品的草本植物，在我国的栽培历史悠久。山东省、河南省、河北省、陕西省、辽宁省、北京市、天津市是大葱的集中产区，出现了很多著名的大葱品种，如山东的章丘大葱等。大葱抗寒耐热，适应性强，高产耐储，可周年均衡供应。

（一）播种育苗

苗床宜选择土质疏松、有机质丰富的砂壤土，每亩施入腐熟农家肥4000 ~ 5000kg、过磷酸钙50kg，将整好的地做成85 ~ 100cm宽、600cm长的畦，育苗面积与大田栽植面积的比例一般为1 ：（8 ~ 10）。大葱播种一般可分平播（撒播）和条播（沟播）两种方式，撒播较普遍，采用当年新籽，每亩播种量3 ~ 4kg。苗期管理主要有间苗、除草、中耕、施肥和浇水。苗期追肥一般结合灌水进行，秋播育苗的，越冬之前应控制水肥，结合灌冻水追肥，越冬期间结合保温防寒可覆盖粪土；返青后结合灌水追肥2 ~ 3次，每次每亩施尿素10 ~ 15kg。春播苗从4月下旬开始第一次浇水施肥，到6月上旬要停止浇水施肥，进行蹲苗、炼苗，使葱叶纤维增加，增强其抗风、抗病能力。于栽植前10天施肥浇水，此次施肥为移栽返青打下良好基础，因此也称这次肥为“送嫁”肥。当株高30 ~ 40cm，假茎粗1 ~ 1.5cm时，即可定植。

（二）整地做畦，合理密植

每亩施入腐熟农家肥2500 ~ 5000kg，当耕翻整平后开定植沟，沟内再集中施优质有机肥2500 ~ 5000kg，短葱白品种适于窄行浅沟，长葱白品种适于宽行深沟。合理密植是获得大葱高产、优质的重要措施，一般长葱白型大葱每亩栽植18000 ~ 23000株，株距一般在4 ~ 6cm为宜；短葱白型品种栽植，每亩栽植20000 ~ 30000株。

（三）田间管理

田间管理的中心是促进根、壮棵和葱白形成，具体措施是培土软化和加强肥水管理。

1. 灌水

定植后进入炎夏，恢复生长缓慢，植株处于半休眠的状态，此时管理重心是促根，应控制浇水；天气转凉后，生长量增加，对水分需求多，灌水应掌握勤浇、重浇的原则，每隔4 ~ 6天浇一次水；进入假茎充实期，植株生长缓慢，需水量减少，此时保持土壤湿润；在收获前5 ~ 7天停止浇水，以利收获和储藏。

2. 追肥

在施足基肥的基础上还应分期追肥。追肥一般分3次，第1次追肥在幼苗期，亩施纯氮3 ~ 4kg（尿素7 ~ 10kg）；第2次追肥在幼苗后期退母前，亩施纯氮3 ~ 4kg（尿素7 ~ 10kg）；第3次追肥在蒜苗收获后，亩施纯氮5 ~ 6kg（尿素11 ~ 15kg），氧化钾5 ~ 7.5kg（硫酸钾10 ~ 15kg）或含量相当的复合肥15 ~ 20kg。

3. 培土

大葱培土是软化其叶鞘，增加葱白长度的有效措施，培土高度以不埋住葱心为标准。在此前提下，培土越高，葱白越长，产量和品质也就越好，培土时期是从天气转凉开始至收获，一般培土3 ~ 4次。

（四）收获

大葱的收获应该根据不同栽植季节和市场供应方式而定，秋播苗早植的大葱，一般以鲜葱供应市场，收获期在9—10月。春播苗栽植大葱，鲜葱供应在10月上旬收获，干储越冬葱在10月中旬至11月上旬收获。

二、洋葱

洋葱又名“球葱”“圆葱”“玉葱”“葱头”，为百合科葱属二年生草本蔬菜植物。洋葱在我国的分布很广，南北各地均有栽培，而且种植面积还在不断地扩大，是目前我国主栽蔬菜之一。

（一）栽培季节

应该根据当地的气候条件和栽培经验而定，江苏省、山东省及周边地区以9月上中旬播种为宜。晚熟品种可以适当推迟4～5天。

（二）品种选择

所用品种应当根据气候环境条件与栽培习惯进行选择。我国洋葱的主要出口国是日本，出口洋葱采用的品种一般由外商直接提供，现在在日本市场深受欢迎的品种有金红叶、红叶三号等。徐淮地区主要栽培品种有港葱系列、红叶三号等。

（三）播种育苗

栽培地应选在地力较好、地势平坦、水资源较好的地区。

育苗畦宽1.7m，长3 0m，播种前每畦施腐熟农家肥200kg，用30mL 50%辛硫磷乳油加0.5kg麸皮，拌匀之后撒在农家肥上防治地下害虫。再翻地，将畦整平，踏实，灌足底水，水渗后播种，每亩大田需种子120～150g，播后覆土1cm左右，然后加覆盖物遮阴保墒，苗齐后浇1次水，以后尽量少浇水。苗期可根据苗情适当追肥1～2次，并进行人工除草，定植前半个月适当控水，促进根系生长。

（四）定植

整地施肥与做畦整地时要深耕，耕翻的深度不应少于20cm，地块要平整，便于灌溉而不积水，整地要精细。中等肥力田块每亩应施优质腐熟有机肥2t、磷酸二铵或三元复合肥40～50kg做底肥。栽植方式宜采用平畦，一般畦宽0.9～1.2m（视地膜宽度而定），沟宽0.4m，便于操作。

覆膜可提高地温，增加产量，覆膜前灌水，水渗下之后每亩喷施田补除草剂150mL，覆膜后定植前按16cm×16cm或17cm×17cm株行距打孔。

选苗：选择苗龄50～60天，直径5～8mm，株高20cm，有3～4片真叶的壮苗定植。苗径小于 5mm 时易受冻害，苗径大于 9mm 时易通过春化引发先期抽芽，同时将苗根剪短到 2cm 长准备定植。

定植：适宜定植期为霜降至立冬。定植时应该先分级，先定植标准大苗，后定植小苗。定植深浅度要适宜，定植深度以不埋心叶、不倒苗为度，过深鳞茎易形成纺锤形，而且产量低，过浅又易倒伏，以埋住苗基部 1 ~ 2cm 为宜。一般亩定植 2.2 万 ~ 2.6 万株，栽后再灌足水，浇水以不倒苗、畦面不积水为好，水渗下后查苗补苗，保证苗全苗齐。

（五）定植后管理

适时浇水定植后的土壤相对湿度应保持在 60% ~ 80%，低于 60%则需浇水，浇水追肥还应视苗情、地力而定，肥水管理应掌握“年前控，年后促”的原则，一般应“小水勤灌”。冬前管理简单，让其自然越冬，在土壤封冻前浇 1 次封冻水，次年返青时及时浇返青水，促其早发。鳞茎膨大期浇水次数要增加，一般 6 ~ 8 天浇 1 次，地面保持见干见湿为宜，便于鳞茎膨大。收获前 8 ~ 10 天停止浇水，有利于储藏。

追肥生长期内除施足基肥外，还要进行追肥，以保证幼苗生长。

①返青期：随浇水追施速效氮肥，促苗早发，每亩追尿素 15kg、硫酸钾 20kg，或者追 48%三元复合肥 30kg。

②植株旺盛生长期：洋葱 6 叶 1 心时即进入旺盛生长期，此时需肥量较大，每亩施尿素 20kg，加入 45%氮磷钾复合肥 20kg，可以满足洋葱旺盛生长期对养分的需求。

③鳞茎膨大期：洋葱地上部分达到 9 片叶时即进入鳞茎膨大期，植株不再增高，叶片同化物向鳞茎转移，鳞茎迅速膨大，此期又是一个需肥高峰，特别是对于磷、钾肥的需求明显增加。实践证明，每亩施 45%氮磷钾复合肥 30kg，可保证鳞茎的正常膨大。

（六）虫害防治

洋葱的主要病害是霜霉病和灰霉病，因此必须选择抗病品种，并且在发病后及时做好防治工作。在霜霉病发生后，选用 75%百菌清润湿粉进行喷雾，选用 35%多菌灵润湿性粉剂喷雾，均匀用药，可起到很好的防治作用。

（七）收获

当田间 2/3 的洋葱叶片变黄时，植株开始脱落，鳞茎的外部鳞片变干，表明洋葱已经成熟，应及时采收。

三、大蒜

大蒜别名“蒜”“胡蒜”，属于百合科葱中以鳞芽构成鳞茎的栽培种，一年生蔬菜。以其蒜头、蒜薹、蒜黄、嫩叶（青蒜或称“蒜苗”）为主要产品供食用。

（一）栽培季节与茬口安排

适宜的栽培季节确定，是获得蒜苗和蒜头双丰收的重要措施，栽培季节要根据大蒜不同生育期对外界条件的要求以及各地区的气候条件来定。

大蒜可春播或秋播，在北纬 38° 以北地区，冬季严寒，幼苗露地越冬困难宜春播；北纬 35° ~ 38° 地区，可以根据当地气温及覆盖栽培与否，确定春播还是秋播。一般在冬季月平均温度低于－5℃的地区，以春播为主，春播宜早，一般在日平均温度达 3 ~ 6℃时，土壤表层解冻，可以操作，即应播种。

秋季播种大蒜，幼苗有较长的生长期。与春播大蒜相比，秋播延长了幼苗生育期，蒜头和蒜苗产量都较高，因此，凡幼苗能露地安全越冬的地区和品种，都应进行秋播。在秋播地区，适宜播种的日均温度为 20 ~ 22℃，应使幼苗在越冬前长有 4 ~ 5 片叶，以利于幼苗安全越冬。一般华北地区的播种期在 9 月中下旬，秋播不可过早，否则植株易衰老，在蒜头开始肥大后不久，植株枯黄，产量下降；亦不可过迟，否则蒜苗生长期短，冬前幼苗小，抗寒力弱，不能安全越冬，而且由于生长期短，影响蒜头产量。

大蒜忌与葱、韭菜等百合科作物连作，应与非葱蒜类蔬菜轮作 3 ~ 4 年。春播大蒜多以白菜、秋番茄和黄瓜等蔬菜为前茬，冬季休闲后播种，秋播大蒜，以豆类、瓜类、茄果类、马铃薯、玉米和水稻等作物为前茬。

（二）品种选择

大蒜大多选用苔、蒜两用品种，根据各地的生态条件，选择适宜的生态型品种，宜选用抗病虫、高产、优质、耐热、抗寒的品种。

（三）整地施肥

大蒜的根吸水肥能力较弱，故要选择土壤疏松、排水良好、有机质含量丰富的田块，要求精细整地、深耕细耙、施足底肥、整平畦面。秋播地一般深耕 15 ~ 20cm，结合深耕施腐熟、细碎的有机肥，并且配施磷、钾肥后，及时地翻耕，耙平做畦，畦宽 1.3 ～ 1.7m，畦长以能均匀灌水为度，挖好排水沟。在整地做畦时，地表面一定要土细、平整、松软，不能有大土块和坑洼。

（四）选种及种瓣处理

大蒜属无性繁殖蔬菜，其播种材料是蒜瓣。播种前选种是取得优质、高产的重要环节之一。播前进行选头选瓣，应该选择蒜头圆整，蒜瓣肥大，色泽洁白，顶芽肥壮，无病斑、无伤口的蒜瓣做种。种蒜的大小对产量影响很大，大瓣种蒜储藏养分多，发根多，根系粗壮且幼芽粗，鳞芽分化早，生产出的新蒜头大瓣比例高，蒜头重，蒜苗、蒜头产量高，种蒜效益也可以提高。但种瓣并不是越大越好，选瓣时应按大（5g 以上）、中（4g）、小（3g 以下）分级，分畦播种，分别管理，应该选用大、中瓣作为蒜苗和蒜头的播种材料，过小的不用，选瓣时去除蒜蹲（干缩茎盘）。

（五）播种

大蒜株形直立，叶面积小，适于密植。蒜苗和蒜头的产量是由每亩株数，单株蒜瓣数和薹重、瓣重三者构成的，合理的播种密度是大蒜优质高产的关键。密度的大小与品种特点、种瓣大小、播期早晚、地肥力、肥水条件及栽培目的等多种因素有关。在一定密度范围内，加大密度可提高单位面积蒜头、蒜薹的产量，若超过一定密度范围后，随着密度的增加，蒜头会减小，小蒜瓣比例增多，蒜薹变细，商品质量下降。

大蒜播种的最适时期是植株在越冬前长到 5 ～ 6 片叶时。此时植株抗寒力最强，在严寒冬季不致被冻死，并且为植株顺利通过春化打下良好基础。大蒜播种方法有两种：一种是插种，即将种瓣插入土中，播后覆土，踏实；另一种是开沟播种，即用锄头开一浅沟，将种瓣点播土中。开好一条沟后，同时开出的土覆在前一行种瓣上，播后覆土厚度 2cm 左右，用脚轻轻踏实，浇透水。播种密度行距 20 ～ 23cm，株距 10 ～ 12cm，沟的深度以 3 ～ 5cm 为宜，不能过深或过浅。

大蒜播种深浅与覆土的厚薄和植株生长发育、蒜头产量有密切关系，一般深 2 ～ 3cm。播种过深，出苗迟，假茎过长，根系吸水肥多，生长过旺，蒜头形成受到土壤挤压难以膨大；播种过浅，种瓣覆土浅，出苗时容易跳瓣，幼苗期容易根际缺水，根系发育差，越冬时易受冻死亡，而且蒜头容易露出地面，受到阳光照射，蒜皮就容易粗糙，组织变硬、颜色变绿，降低蒜头的品质。

（六）田间管理

大蒜播种后的田间管理，要以不同生育期而定。

春播大蒜萌芽期，若土壤湿润，一般不浇水，以免降低地温和土壤板结，影响出苗；秋播大蒜根据墒情决定浇水与否，若墒情不好，播后可以浇1次透水，土壤板结前再浇1次小水促出苗，然后中耕疏松表土。

春播大蒜出苗后要少灌水，以中耕保墒、提高地温为主，一般于退母前开始灌水追肥；秋播大蒜出苗后冬前控水，以中耕为主，促进扎根。4 ~ 5片叶时结合浇水追施尿素，封冻前适时浇冻水，北方寒冷地区还需要盖草防冻，保证幼苗安全越冬；立春后，当气温稳定在1 ~ 2℃以上时要及时逐渐清除覆草，然后浅中耕，浇返青水并追肥，每次浇水后及时中耕保墒。

蒜薹伸长期是大蒜植株旺盛生长期，也是水肥管理的主要时期，应该保持土壤湿润，当基部的1 ~ 4片叶开始出现黄尖时及时浇1次水，并适当追肥，使植株及时得到营养补给，促进蒜薹和鳞芽的生长。一般4 ~ 5天灌水1次，保持地面湿润，于露苞时结合灌水追肥1次，大水大肥促墓、促芽、催秧，使假茎上下粗度一致，采薹前3 ~ 4天停止浇水，以免脆嫩断薹。

采集后大蒜叶的生长基本停止，其功能持续2周后开始枯黄脱落，根系也逐渐失去吸收功能，要及时补充土壤水分，并且追施1次催头肥，延长叶、根寿命，防止植株早衰，促进鳞茎充分膨大。以后每隔3 ~ 5天浇1次水，收蒜头前1周停水，以防湿度过大造成散瓣，同时也有利于起蒜，提高蒜头的耐储性。

（七）适时采收

适时采收蒜薹不仅能提高蒜薹的产量和品质，而且对提高蒜头的产量有重要作用。当蒜薹生出叶鞘口8 ~ 15cm，上部打弯成秤钩形且总苞变白时采收，质地柔嫩、产量高。收获时一般应选在晴天中午或午后较为理想，抽苔时应注意保护该蒜叶，防止叶片被拔起或折断，影响蒜头膨大生长。

蒜头的采收根据不同的用途，若收蒜头供腌渍用，可在收薹后15天左右收获；若收干蒜头，则在收薹后20 ~ 25天，植株叶片逐渐枯黄，假茎松软时收获。收获后，进行晾晒，晾晒时注意只晒秧，不晒头，防止蒜头灼伤或变绿，经常翻动，2 ~ 3天后，待茎叶干燥，即可以储藏。

第七节 根菜类蔬菜栽培技术

根菜类蔬菜指以肥大的肉质直根为食用器官的蔬菜，包括十字花科（萝卜、根用芥菜、芜菁、芜菁甘蓝、辣根）、伞形科（胡萝卜、根芹菜、美国防风）、菊科（牛蒡、菊牛蒡、婆罗门参）和藜科（根萘菜）等。根菜类蔬菜的肉质根属于变态器官，具有储藏养分的功能，营养丰富，食法多样，并且较耐储藏，还可制成各种加工制品，是我国重要蔬菜之一。

根菜类蔬菜为深根性植物，并以肉质根为产品，适宜在土层深厚、肥沃疏松、排水良好的砂壤土栽培；生产上多用种子直播，不耐移植，多为耐寒性或半耐寒性二年生蔬菜。在低温下通过春化阶段，在长日照下通过光照阶段，均属于异花授粉植物，采种时需严格隔离，同科的根菜有共同的病虫害，不宜连作。

一、萝卜

萝卜有很多优良的品种，各品种的栽培、用途和对环境条件的适应性都有差异，故利用品种的特性，选择适宜的品种，进行多季节栽培，可高产优质和全年供应。长江中下游地区依播种生长季节分为秋季栽培、夏季栽培和春季栽培，其中以秋季栽培为主。

近年由于生食萝卜需求增加，春、夏萝卜的栽培面积都有所扩大。

（一）秋季栽培技术（秋萝卜）

1. 品种

秋萝卜可分以为早秋萝卜和晚秋萝卜。早秋萝卜多选用生长期短、上市早的圆萝卜，如宁波圆白、昆山圆白，还有一点红萝卜、红妃樱桃萝卜、成都满身红萝卜、弯腰青水果萝卜和露头青萝卜等。晚秋萝卜严冬前采收的品种有美浓早生大根、白玉春、秋成 2 号大根、浙大长、夏美浓 3 号、夏美浓 4 号及天春大根等。露地越冬宜选用肉质根全埋或微露土面的品种，如太湖晚长白、杭州迟花萝卜与上海筒子萝卜等。

2. 选地

萝卜品种有长根型和短根型之分，长根型品种选择土层深厚、土质疏松的砂壤土或沙土，肉质根全部或大部深埋于土中的品种，对选地要求更高。短根型品种不如长根型品种要求严格，萝卜不宜连作，应尽量避免与十字花科蔬菜连茬种植。

3. 整地

播种前数天进行深耕晒垡。每亩施腐熟有机肥 2000 ~ 2500kg、过磷酸钙 20 ~ 30kg、硫酸钾 30 ~ 40kg 做基肥。复耕 1 ~ 2 次后做高畦，畦宽连沟 1.8m，畦长保持 15m 左右，超过 15 ~ 20m 的要增加横沟（俗称“腰沟”），横沟深度应超过畦沟，并与排水沟相通。

4. 播种

圆根型品种多行条播，行距 30 ~ 40cm，株距 20cm，每亩用种量 300 ~ 400g；樱桃萝卜一般采用撒播，每亩用种量 800 ~ 1000g。长根型品种多行点播，行距 40 ~ 50cm，株距 30 ~ 40cm，每穴播种子 1 ~ 2 粒，每亩用种量 200 ~ 300g。播种时如果土壤水分不足，播前应先浇水，或播后轻浇水，播种后盖土厚度约 2cm。覆土过浅，土壤易干，且出苗后易倒伏，造成胚轴弯曲、根形不直；覆土过深，既影响出苗的速度，又影响肉质根的长度和颜色。

5. 管理

出苗后间苗要及时，一般进行 2 次，2 片真叶时第一次间苗，在 4 ~ 5 片真叶时第 2 次间苗，同时结合定苗。萝卜施肥以基肥为主，追肥宜早，第一次间苗后追施一次氮肥，定苗后再施一次，以后便不再追肥，以免引起叶丛徒长，影响肉质根的膨大。萝卜叶面积大而根系弱，抗旱力较差，需适时适量供给水分，如遇干旱要及时浇水，保持土壤湿润。生长前期缺水，叶片不能充分长大，产量低，需要少水勤浇；叶片生长盛期，不干不浇，地发白才浇，但水量较之前要多；根部生长盛期应充分均匀供水，保持土壤湿度为 70% ~ 80%；根部生长后期仍然应适当浇水，防止出现空心；肉质根膨大盛期，空气湿度为 80% ~ 90%，则品质优良。秋萝卜要进行中耕除草，间苗、定苗时各进行一次，同时结合清沟再进行培土。

6. 采收

早秋萝卜播种后 50 ~ 60 天采收，可达到一定产量又保持其良好品质。收获期不宜过迟，否则就会出现空心。晚秋萝卜等根部大部露在地上的品种，都要在霜冻前及时采收；而根部全部在土中的迟熟品种，要尽可能延迟收获，以提高产量。而需要储藏的萝卜，应在土壤封冻前采收，以防止储藏中形成空心，萝卜采收后即上市的，可切除叶丛。如需储藏的，可留一小段叶柄，防止肉质根受伤腐烂。

（二）夏秋栽培技术（夏秋萝卜）

1. 品种选择

夏秋萝卜品种如选用不当，就会影响产量。夏秋期间温度高，病虫危害多，所以宜选用耐热、抗病的品种，如热抗40、夏长白2号、南京五月红、四季满身红和天春大根等品种。

2. 整地做畦

选择前茬非十字花科作物，地势高爽，排灌两便的砂壤土或壤土为宜。高畦栽培，三沟配套，夏季栽培品种生育期较短，每亩施腐熟有机肥2000kg，25%蔬菜专用复合肥20kg，撒施均匀后再进行旋耕，做畦同秋季栽培。

3. 播种

夏萝卜一般在5 ~ 6月播种，采取条播，行株距均为20 ~ 30cm。

4. 管理

夏季栽培为了防暴雨冲刷，可采取搭小拱棚或适当遮阳网覆盖栽培，田间干旱需及时浇水。浇水注意尽量在傍晚进行，台风暴雨要及时排干田间积水，做到雨停沟干。其他管理措施同秋季栽培。

5. 采收

一般夏季栽培品种生育期较短，60天左右可以收获，要注意及时进行采收，以防糠心。

（三）春季栽培技术（春萝卜）

1. 品种

春萝卜选用生长期短，冬性较强的品种，如四季萝卜类中的上海小红、一点红萝卜、特新白、南京扬花萝卜、春白、改良春玉、春大星、旱红萝卜、樱桃萝卜和天春大根等品种。

2. 选地、整地

同秋季栽培。

3. 播种

春萝卜播种期在2月中旬至3月下旬，冬性强的品种如上海小红于2月中下旬至3月播种，扬州小红和天春大根等以3月播种为宜，过早容易先期抽薹。春萝卜短根型小萝卜品种可采取撒种直播，每亩用种量600 ~ 800g，其余品种都取条播或穴播，每亩用种量300 ~ 400g。

4. 管理

同秋季栽培。

5. 采收

短根型小萝卜品种播种后50 ~ 60天采收。上市时可将3 ~ 5只萝卜连同叶片扎成一束，樱桃萝卜20 ~ 30天采收，8 ~ 10只扎成一束。

（四）病虫害防治

1. 病害

霜毒病、灰毒病可以使用三乙磷酸铝稀释600倍或者异菌脲稀释900倍。

黑斑病在发病初期及时喷洒50%扑海因（异菌脲）可湿性粉剂1000 ~ 1500倍液，或75%百菌清可湿性粉剂600倍液，64%恶霜锰锌（杀毒矾）可湿性粉剂500倍液，交替使用。每隔7 ~ 10天1次，连续喷洒2 ~ 3次，并严格按照农药有关安全间隔期进行。

软腐病发病初期及时防治，用72%农用链霉素3000 ~ 4000倍液，或47%加瑞农可湿性粉剂750倍液、10%新植毒素3000 ~ 4000倍液喷洒，重点应喷洒病株的基部及近地表处。

2. 虫害

菜青虫、小菜蛾前期使用氧戊菊酯稀释1500 ~ 2000倍，后期可以使用BT稀释400倍。

黄曲条跳甲、蚜虫前期结合防治菜青虫、小菜蛾，使用氧戊菊酯稀释1500 ~ 2000倍来进行防治。

蚜虫用10%吡虫啉（蚜虱净、大功臣、康福多）可湿性粉剂2500倍液，或20%康福多悬浮剂4000倍液、50%抗蚜威可湿性粉剂2000 ~ 3000倍液喷雾。在喷雾时，喷头应该向上，重点喷施叶片反面。

二、胡萝卜

胡萝卜为伞形花科一二年生草本植物，原产于中亚细亚、欧洲及非洲北部地区。因为栽培方法简单、病虫害少、适应性强、耐储藏而大量栽培，是冬季主要的储藏蔬菜之一。

（一）生长习性

胡萝卜一般生长在凉爽的环境内，其温度通常在20℃左右。对于光照的要求比较大，土壤也要保持一定的含水量，有着良好的通透性及排灌能力，要保证通气性良好，不能选择使用过除草剂等有害物质的地块。当土壤的温度稳定在10℃左右的时候便可做播种工作，播种后温度如果在15℃时，能够提高胡萝卜种子的发芽率，保持一定的昼夜温差及水分能够增强胡萝卜的品质。

（二）栽培技术

1. 整地

前茬作物采收后要及时清园，深耕细耙，耕地时每亩施入腐熟细碎农家肥3000 ~ 4000kg，草木灰100 ~ 200kg，过磷酸钙10 ~ 15kg做基肥，一般做平畦，畦宽1.2 ~ 1.5m。

2. 栽培季节与茬口安排

胡萝卜一般分为春、秋两季栽培，以秋季为主，少数地区有春、夏、秋三季栽培。秋胡萝卜多于7 ~ 8月播种，11 ~ 12月收获；春胡萝卜多于2月播种，5 ~ 7月收获。夏胡萝卜主要在北方或高山气温较低的地区栽培，其播种期可比秋胡萝卜提前15 ~ 20天。

3. 播种

华北地区一般在7月上旬至中旬播种，11月上中旬收获；长江中下游地区于8月上旬播种，11月底收获；广东省、福建省等地于8—10月可随时播种，冬季随时收获。高纬度地区播种期可适当提早，如新疆维吾尔自治区北部地区应该于6月上旬播种，10月初收获。

播种前要将胡萝卜种子放在太阳底下暴晒两天左右，再将其放入温水中浸种4小时。浸种后将其捞出用湿布包裹放在26 ~ 28℃的环境下做催芽工作。催芽过程中要适当喷水，当有70%左右的种子露白后即可播种。

（三）田间管理

1. 中耕除草

中耕除草是在胡萝卜整个生育期内都不可缺少的一项工作。中耕能够保持土壤足够通透，促进肥水的吸收，增强胡萝卜根部的生长能力，并且能够达到除草的目的，如果没有及时除草的话，那么对胡萝卜的生长影响是非常大的。因为胡萝卜幼苗的营养水分吸收是比较弱的，除草不及时的话，营养就会全部流入杂草，导致幼苗营养不良，降低种植经济效益。

2. 浇水管理

这种蔬菜是需要土壤保持水分在65%～80%的湿度就可以，同时需要及时地除草耕地。这种蔬菜在幼苗的时候，趁着土壤是湿润的，需要深锄蹲苗，这样可以帮助地下的根部快速地生长，而且可以控制叶子长得慢一些。经过10～20天的时间，根部也会明显膨大，这个时候需要充分浇水，保持土壤湿润。

3. 施肥管理

在3～4片叶子的时候，是需要施一些肥料的，在蔬菜定苗之后需要配合浇水来施一些肥料，这样可以帮助果实长得更快、更壮实，最后在地面下的果实开始生长的时候也是需要施入一些肥料。这种蔬菜一般是以基肥为主，施肥是次要的，施入的基肥是需要充分腐熟的，追肥一般是在生长前期的时候进行，但是不适合多施氮肥，否则就会导致叶子生长过快。

（四）预防病虫

这种蔬菜是会有很多病出现的，一般都是在根部出现一些腐烂的情况，所以在种植的时候也是需要预防的，而且会有一些害虫来伤害蔬菜，这些都是需要来预防的。

（五）采收

种植3个月左右，当肉质根充分膨大后即可收获，当肉质根附近的土壤出现裂纹，心叶呈黄绿色而外围的叶子开始枯黄时，说明肉质根充分膨大了。在采收前浇透水，等土壤变软时将胡萝卜拔出或用竹片等工具小心地将胡萝卜挖出。

第四章 粮食种植技术

第一节 高粱种植技术

高粱又名“蜀黍”“芦粟”“秫秫”，是世界继水稻、玉米、小麦、大麦后的第五大谷类作物，也是我国最早栽培的禾谷类作物之一。

一、选地、选茬、整地

（一）选地

选地高粱具有抗旱、耐涝、耐盐碱、耐瘠薄和适应性广等特点，对土壤的要求不太严格，在沙土、壤土、砂壤土、黑钙土上均能良好生长。但是，为了获得产量高、品质好的种子，高粱种子种植田应设在最好的田块上，要求地势平坦，阳光充足，土壤肥沃，杂草少，排水良好，有灌溉条件。

（二）选茬

轮作倒茬是高粱增产的主要措施之一。高粱种植忌连作，连作一是造成严重减产，二是病虫害发生严重。高粱植株生长高大，根系发达，入土深，吸肥力强，一生都从土壤中吸收大量的水分和养分，因此合理的轮作方式是高粱增产的关键，最好前茬是豆科作物。一般轮作方式为：大豆—高粱—玉米—小麦或玉米—高粱—小麦—大豆。

（三）整地

为了保证高粱全苗、壮苗，在播种前必须在秋季前茬作物收获后抓紧进行整地作垄，以利于蓄水保墒，延长土壤熟化时间，达到春墒秋保，春苗秋抓目的。结合施有机肥、耕翻、耙压，要求耕翻深度在 20 ~ 25cm，就有利于根深叶茂，植株健壮，获得高产。在秋翻整地后必须进行秋起垄，垄距以 55 ~ 60cm 为宜，早春化冻后，及时进行一次耙、压、粉相结合的保墒措施。

二、种子准备

（一）良种的选择

根据市场的需求、当地的气候条件与土壤的肥水条件选用品种，选择适宜当地种植的高产、抗性强的高粱杂交新品种作为生产用种。

（二）种子处理

1. 发芽试验

掌握适宜播种量是确保全苗高产的关键。播种之前要根据高粱种子的发芽率确定播种量，一般要求高粱杂交种发芽率达到85% ~ 95%以上。根据种子不同的发芽率确定播种用量，如果发芽率达不到标准要加大播种量。

2. 选种、晒种

播种前选种可以对种子进行风选或者筛选，淘汰小粒、瘪粒、病粒，选出大粒、籽粒饱满的种子为生产用种，并选择晴好的天气，晒种 2 ~ 3 天，提高种子发芽势，播后出苗率高，发芽快，出苗整齐，幼苗生长健壮。

3. 药剂拌种

在播种前进行药剂拌种，可用25%粉锈宁可湿性粉剂，按照种子量的0.3% ~ 0.5%拌种，防治黑穗病，也可用3%呋喃丹或5%甲拌磷，制成颗粒剂，在播种同时施下，防治地下害虫。

三、播种

（一）适时播种

高粱要适时早播、浅播，掌握好适宜的播种期及播种量是确保苗全、苗齐、苗壮的关键。影响高粱保苗的主要因素是温度和水分，高粱种子的最低发芽温度为 7 ~ 8℃，种子萌动时不耐低温，如果播种过早，易造成粉种或霉烂，还会造成黑穗病的发生，影响产量，因此要适时播种。

要依据土壤的温湿度、种植区域的气候条件以及品种特性选择播期。一般土壤深度 5cm 内、地温稳定在 12 ~ 13℃、土壤湿度在 16% ~ 20%播种为宜（土壤含水量达到手攥成团、落地散开时可以播种）。

（二）播种方法

采用机械播种，速度快、质量好，可以缩短播种期。机械播种作业时，开沟、播种、覆土、镇压等作业连续进行，有利于保墒。垄距 65 ~ 70cm，垄上双行，垄上行距 10 ~ 12cm（牧草用饲用高粱可适当缩减行距），播种深度一般为 3 ～ 4cm，土壤墒情适宜的地块要随播随镇压，土壤黏重地块则在播种后镇压。

除了机械播种外，采用三犁川坐水种，三犁川的第一犁深趟原垄垄沟，把氮、钾肥深施在底层，磷肥施在上层。第二犁深破原垄，拿好新垄，4 小时后压好磙子保墒，以备第三犁播种用，第三犁首先耙开垄台，浇足量水，用手工点播已催芽种子，防止伤芽。点播后覆土，覆土厚度要求 4cm 以下，过 6 小时用镇压器压好保墒，采用这种方法播种的种子出苗快，齐而壮，7 天可出全苗，避免因低温造成粉种。硬茬可采取坐水催芽播种的办法。

四、田间管理

（一）合理密植

高粱是单穗作物，提高和稳定单穗重和增加株数是增产最直接有效的，只要在播种、定苗阶段合理操作就能够实现。

一般间套栽培的亩植 5000 ～ 6000 株，即行距 66.7cm，窝距 40cm，每窝分开栽双株。净作栽培的亩植 8000 株，栽插规格可采用 1 ∶ 43cm × 40cm 或 50cm × 33cm 双株分栽或者 2 ∶（50 + 26）cm × 23cm 规格宽窄行单株栽插。

（二）间苗定苗

高粱出苗后展开 3 ～ 4 片叶时进行间苗，5 ～ 6 片叶时定苗。间苗时间早可以避免幼苗互相争养分和水分，减少地方消耗，有利于培育壮苗；若间苗时间过晚，苗大根多，容易伤根或者拔断苗。低洼地、盐碱地和地下害虫严重的地块，可采取早间苗、晚定苗的办法，以免造成缺苗。

（三）中耕除草

除草分为人工除草和化学除草。高粱在苗期一般进行 2 次铲躺。第一次可在出苗后结合定苗时进行，浅铲细铲，深趟至犁底层不带土，以免压苗，并使垄沟内土层疏松；在拔节前进行第二次中耕，此时根尚未伸出行间，就可以进行深铲，松土，深趟可少量带土，做到压草不压苗；拔节到抽穗阶段，可结合追肥、灌水进行 1 ～ 2 次中耕。

化学除草要在播后 3 天进行，用莠去津 3.0 ～ 3.5kg/hm^2 兑水 400 ～ 500kg/hm^2 喷施。如果天气干旱，要在喷药 2 天内喷 1 次清水，同时喷湿地面提高灭草功能。当苗高 3cm 时喷 2.4 — D 丁酯 0.75kg/hm^2，具体除草剂用量和方法可参照药剂说明使用，但只能用在阔叶杂草草害严重的地块，对于针叶草应进行人工除，经过除草、培土，可防止植株倒伏，促进根系的形成。

（四）追肥

在高粱拔节以后，由于营养器官与生殖器官旺盛生长，植株吸收的养分数量急剧增加，是整个生育期间吸肥量最多的时期，其中幼穗分化前期吸收的量多而快，因此，改善拔节期营养状况十分重要。一般结合最后一次中耕进行追肥封垄，每公顷追施尿素 200kg，覆土要严实，防止肥料流失，在追肥数量有限时，应该重点放在拔节期一次施入。

在生育期长或后期易脱肥的地块，应分为两次追肥，并掌握前重后轻的原则。

（五）灌溉与排涝

高粱苗期需水量少，一般适当的干旱有利于蹲苗，除长期干旱外一般不需要灌水。拔节期需水量迅速增多，当土壤湿度低于田间持水量的75%时，应该及时灌溉。孕穗、抽穗期是高粱需水最敏感的时期，如果遇干旱应及时灌溉，以免造成“卡脖旱”影响幼穗发育。

高粱虽然有耐涝的特点，但长期受涝会影响其正常生育，容易引起根系腐烂，茎叶早衰，因此在低洼易涝地区，必须做好排水防涝工作，以保证高产稳产。

五、害虫防治

高粱苗期病害较少，特殊年份会发生白斑病，用硫酸锌 1.0kg/hm^2、尿素 0.7kg/hm^2 兑水 225kg/hm^2 喷防。目前，影响高粱产量的主要病害是高粱黑穗病。为减少其发生，首先要适时晚播，在土壤温度较高时播种，种子出苗较快，可减少病菌侵染机会，减少黑穗病发病率；其次是进行种子处理，如包衣等。高粱害虫主要是黏虫和玉米螟，黏虫防治可用 50%二溴磷乳油 2000 ~ 2500 倍液，玉米螟防治可用毒死蜱氯菊颗粒剂（杀螟灵 2 号），用量 35g/ 亩灌心叶，收获前 20 ~ 30 天可选用农药防治。

蚜虫防治每亩用 40%乐果乳油 0.1kg，拌细沙土 10kg，扬撒在植株叶片上，或 40%氧化乐果加 10%吡虫啉进行联合用药防治。

六、收获

高粱的适宜收获期为籽粒蜡熟末期，此时籽粒呈现出品种固有的颜色和形状，粒质变硬，已经无浆液，粒色鲜艳而有光泽。

第二节 谷子种植技术

谷子，学名粟，去壳又称“小米”，古代称“禾”，也叫“粱”，为禾本科狗尾草属草本植物，在我国西北大部分地区可不依靠人工灌溉而良好生长。

一、轮作倒茬

谷子忌连作，连作一是病害严重，二是杂草多，三是大量消耗土壤中同一营养要素，造成“歇地”，致使土壤养分失调。因此，必须进行合理轮作倒茬，才能充分利用土壤中的养分，减少病虫杂草的危害，提高谷子单位面积产量。

谷子对前茬并无严格要求，但是谷子较为适宜的前茬以豆类、油菜、绿肥作物、玉米、高粱和小麦等作物为好。谷子要求 3 年以上的轮作。

二、精细整地

（一）秋季整地

秋收后封冻之前栽茬耕翻，秋季深耕可以熟化土壤，改良土壤结构，增强保水能力；加深耕层，利于谷子根系下扎，扩大根系数量和吸收范围，增强根系吸收肥水能力，使植株生长健壮，从而提高产量。耕翻深度 20 ~ 25cm，要求深浅一致、不漏耕，结合秋深耕最好一次施入基肥，耕翻后及时耙粉保墒，减少土壤水分散失。

（二）春季整地

春季土壤解冻前进行“三九”滚地，当地表土壤化冻时，要顶浆耕翻，做到翻、耙和压等作业环节紧密结合，消灭坷垃、碎土保墒，使耕层土壤达到疏松、上平下碎的状态。

三、合理施肥

（一）基肥

按照有效成分计算，基肥中的农家肥要占总基肥量的一半以上，而且产量越高，所占比例应越大。高产谷田一般以每公顷施农家肥75000 ~ 112500kg为宜，中产谷田22500 ~ 60000kg为宜，具体的施肥量要考虑土壤肥沃程度、前茬、产量指标、栽培技术水平及肥源等综合因素。基作收获后结合深耕施用，有利于蓄水保墒并提高养分的有效性；在播种前结合耕作整地施用基肥，这是在秋季和早春无条件施肥情况下的补救措施。基肥常用匀铺地面结合耕翻的撒施法、施入犁沟的条施法和结合秋深耕春浅耕的分层施肥方法。

（二）种肥

在进行播种时，种子附近主要施复合肥和氮肥，施肥后应该浅耧地以防烧芽。因为谷子苗对养分要求很少，种肥用量不宜过多，每公顷硫酸铵以37.5kg为宜，尿素15kg为宜，复合肥45 ~ 75kg为宜，农家肥也应当适量。

（三）追肥

在谷子的孕穗抽穗阶段，由于土壤供应养分能力降低和谷子发育进程加快，需要追施速效氮素化肥、磷肥或者经过腐熟的农家肥。每次追肥以每公顷纯氮75kg左右为宜，一次追肥最佳时期是抽穗前15 ~ 20天，氮肥数量较多时，最好在拔节始期和孕穗期分别施用。追肥可采用根际追施结合中耕埋入，也可叶面喷施。

四、田间管理

（一）苗期管理

以早疏苗、晚定苗、查苗补种（移栽）、保全苗作为原则，在4 ~ 5叶时先疏一次苗，留苗最好是计划数的3倍左右，6 ~ 7叶时再根据密度定苗。对于生长过旺的谷子，在3 ~ 5叶时压青蹲苗、控制水肥或深中耕，促进根系发育，提高谷子抗倒伏能力。

（二）灌溉与排水

谷子虽是耐旱节水作物，但是适时灌溉还是取得高产的重要措施。播前灌水有利于全苗，苗期不用灌水，拔节期灌水能促进植株增长和幼穗分化，孕穗、抽穗期灌水有利于抽穗和幼穗发育，在灌浆成熟期灌水有利于籽粒形成。灌水次数根据当年气候条件和土壤水分情况确定，灌水方法以畦灌和沟灌为主，谷子生长后期怕涝，在多雨地区谷田应设置排水沟渠，避免地表积水。

（三）中耕与除草

中耕可以松土、除草，为谷子的发育创造良好的环境条件。谷田大多进行 3 ~ 4 次中耕，幼苗期中耕结合间苗或在定苗后进行；拔节期中耕结合追肥、浇水进行谷子浅培土，中耕深度在 7 ~ 10cm；孕穗期中耕结合除草进行高培土，中耕深度在 5cm 左右。谷田主要有谷莠子、狗尾草和苋菜等杂草，其防治以秋冬耕翻、轮作倒茬为主，还可以用化学除草。

（四）后期管理

谷子抽穗以后既怕旱又怕涝，应该注意防旱，保持地面湿润，在缺水严重时要适量浇水，大雨过后注意排涝，生育后期应控制氮肥施用，防止茎叶疯长和贪青晚熟，同时谨防谷子倒伏。

五、病虫害及其防治

（一）主要病害及其防治

谷子的主要病害有谷瘟病、白发病、黑穗病、锈病、褐条病、红叶病、线虫病和纹枯病等，谷子种子可能带有谷瘟、白发、黑穗、褐条病与线虫病病原。用 55℃温汤浸种、1%石灰水浸种或以阿普隆、托布津拌种（用量为种子重量的 0.3% ~ 0.5%），可以有效消灭种子所带的病原，谷瘟、锈病的病原主要来自谷草和杂草寄主，白发、黑穗、褐条病病原主要潜伏于土壤和病株残体。线虫病是由线虫危害产生的谷子病害，主要通过土壤、肥料传播，实行多年轮作倒茬、清除谷田周围杂草、拔除感病植株是防治这些土传病害的有效办法。谷子红叶病是由蚜虫而来，应以灭蚜来防治红叶病，纹枯病是主要发生在夏谷区的新病害，病害的轻重与夏季的降水量有直接的关系，防治的主要方法是选用抗病品种，其他防治方法还需要进一步研究。

（二）主要虫害及其防治

谷子的主要害虫包括地下害虫、蛀茎害虫、食叶害虫和吸汁害虫等。

地下害虫主要有蝼蛄和网目拟地甲等，以幼虫、若虫、成虫危害谷子的根部，它们也采食新播种子，造成缺苗断垄。防治方法主要是以辛硫磷及乐果等拌煮熟的谷子制成毒谷，在播种时撒入播种沟内以减少地下害虫对谷种和根系的危害。

六、收获

在谷子蜡熟末期或完熟初期应及时收获，此时谷子下部叶变黄，上部叶黄绿色，茎秆略带韧性，谷粒坚硬，种子含水量约20%。

第三节 马铃薯生产技术

马铃薯又叫“洋芋”，我国北方俗称为“土豆”或“山药蛋”，是山区人民的主要粮食，是城镇的重要蔬菜之一，是粮、菜、饲料及工业兼用的高产作物，单产高于小麦和水稻，仅次于玉米。马铃薯生育期短，早熟种出苗40～50天，晚熟种100天左右即可收获。在云南省可四季播种收获，适应性广，是与多种作物轮作、间套种植最理想的耐阴矮生作物。

一、选种

选用良种是马铃薯高产栽培最经济有效的措施。20世纪60年代后云南引进了一些良种，如马尔科、米拉、克疫等，逐步取代了过去的老品种。但由于没有良种基地，良种繁育制度不健全，种薯在高温下生长，导致病毒侵染，种薯带毒，植株结的薯块带有潜伏病毒，下年作种，代代相传，导致薯块小、芽眼增多变深、抗性减弱、产量降低、薯形变化等。这种病毒我国常见的有5～6种，病毒侵染主要是通过蚜虫。因此，要培养繁殖无病毒的种薯必须在高海拔冷凉无蚜虫的地区。目前应积极引进抗病耐病的高产优质品种，创造良好的栽培条件，提高种性。在冷凉山区建立良种基地，为平坝低海拔地区提供种薯。另外，采取秋播留种能减轻种薯退化。

二、施肥，追肥

马铃薯产量高，所需营养物质多，在氮、磷、钾中，需钾最多，氮次之，磷最少。据研究，亩产块茎1500kg，需氮8.13kg，磷3.3kg，钾15.3kg。苗期吸收氮、钾达20%，磷15%，现蕾开花吸收钾达70%左右，氮、磷达50%；后期吸收氮30%，磷20%，钾5%。基肥占总施肥量的3/5～2/3，每亩1500kg以上的腐熟细厩肥和20～40kg普钙或草木灰100—150kg，混合沟施或穴施。马铃薯的追肥量，视土质和幼苗长势而定。底肥不足，芽苗弱，早追芽苗肥，以氮为主每亩追施尿素5kg；底肥足，幼苗长势好，现蕾期以钾肥为主，配合适量氨、磷追肥，结合中耕培土，疏通排水系统。

三、种薯的处理及播期

种薯可整块或切块种植。整薯作种，芽眼多，每穴结块茎数多，产量高，能防病保全苗，但用种量大。切块种植能节约用种，但切口易感染病菌，秋播腐烂严重，应在播种前两天用草木灰擦切口消毒，让切口充分愈合。种薯重以20 ~ 30g为好，种薯超过65g用种量大，产量净增率反而下降。种薯过大，可按芽眼切块，每亩播种量以150 ~ 175kg为宜。

为了消除种薯表皮所带的病原体，播种前用40%的福尔马林1份加水200份喷洒薯堆，或浸泡种薯5分钟，再用薄膜覆盖闷种2小时，然后摊成薄层通风晾干。对休眠的种薯要用0.5 ~ 1ppm的“920”水溶液浸种10 ~ 15分钟，或用0.1% ~ 0.2%过锰酸钾浸种15 ~ 30分钟，然后取出晾干，入床催芽对提早出苗有明显效果。云南省马铃薯可以一年四季播种，但主要产区以春马铃薯为主。结薯期尽量避开高温期；秋播应在霜前收获；低海拔无霜地区可以冬播。

四、密度与种植方式

马铃薯种植密度，根据品种、种薯大小、栽培方式、气候、土质条件而定。过去株行距为0.3×0.67m，每亩3000穴，每穴种薯1块，产量不高。近年合理密植，株行距缩小，每穴用种量增加，每亩4000 ~ 5000穴，6000 ~ 8000株。相同株数，以行宽塘距小，每塘放种薯多的增产。播种以10 ~ 13cm深为宜。

五、田间管理

播种后7天内喷施50%乙草胺乳油300倍液等定向喷雾。对于出苗后种植垄边的杂草，结合培土人工除草，或者用高效氟吡甲禾灵等药剂在杂草3 ~ 4叶期定向喷雾。齐苗后封行前至少培土1次，厚度3 ~ 5cm。全生育期保持田间持水量60% ~ 80%。土壤干旱时，采用沟灌办法润土，灌水高度为垄高的1/3 ~ 1/2，保留数小时，垄中间8 ~ 10cm深处土壤湿润时及时排水。若结薯中期营养不足，可结合病害防治，每隔7 ~ 10天喷施2 ~ 3次磷酸二氢钾，促进薯块膨大。

主要病害为晚疫病。晚疫病防治以预防为主、化学药剂防治为辅。雨季来临前（1月中下旬）3 ~ 5天开始喷药，每隔7 ~ 10天喷一次，一般喷3 ~ 4

次，先用保护剂 1 ~ 2 次，后用治疗剂，两种药剂交替使用。发现中心病株及时拔除，并带出田销毁。

六、适期收获

依据成熟度以及市场等因素确定。选择晴天或晴间多云天气收获。收获前土壤湿度控制在 60% 以下，保持土壤通气环境，防止田间积水，避免收获后烂薯，提高耐储性。收获后晾干表皮水汽，避免烈日暴晒、雨淋。及时包纸或套袋，装箱出售。

第四节 玉米种植技术

玉米是我国第一大粮食作物，在全国各地都有种植，作为粮、经、饲兼用的作物，对整个国民经济发展有着巨大的影响。

一、种子准备

（一）优良品种选择

品种选择一般建议农民朋友根据当地情况选用生育期适宜、产量高、抗病强的优良品种。而且玉米种子的净度不能低于 98%，要求发芽率高，含水率低。

玉米有普通玉米、甜玉米、黑玉米、糯玉米及高油玉米等种类，其中普通玉米含有丰富的膳食纤维，可以帮助消化；甜玉米中含糖量高，可以加工成各种糕点和玉米酱；黑玉米中赖氨酸的含量丰富，可以帮助人体代谢；高油玉米的含油量高，可以作为榨油的原材料。

（二）做好种子处理

选用包衣种子：包衣剂由杀虫剂、杀菌剂、复合肥料、微量元素、植物生长调节剂、保水剂和成膜物质加工而成，能够在播种后抗病、抗虫、抗旱，促进生根发芽。

选用无包衣的种子：无包衣的种子首先进行精选种子，剔除虫籽、秕籽、畸形籽，留饱满、成熟一致的种子做种。同时播种前做到晒种 2 ~ 3 天，晒种可提高种皮透性和吸水力，提高酶的活性，促进呼吸作用和营养物质转化，提高出苗率 13% ~ 28%，早出苗 1 ~ 2 天，增产 6.4%。

浸种：浸种可使种子提早出苗。冷水浸种 6 ~ 12 小时。温汤浸种，水温为 55 ~ 57℃，浸泡 4 ~ 5 小时。温汤浸种能杀死附在种子表面的炭疽病、黑粉病孢子等病原体物。用某些生长调节剂进行种子处理可达到促进苗期根系的生长或矮化壮苗的效果（如玉米健壮素、多效唑）。

药剂拌种：用种子包衣剂 1 号或 4 号，按种子量 2%拌种，可防治地下害虫，保苗率达 95%以上，可以防治苗期地老虎、黏虫、蓟马等。

二、播种技术

（一）确定播期

玉米的适宜播种期主要根据玉米的种植制度、温度、墒情和品种来决定。既要充分利用当地的气候资源，又要考虑前后茬作物的相互关系，为后茬作物创造较好条件。

春播玉米根据土壤温度、土壤水分及降水情况来确定。一般地温稳定在 10 ~ 12℃时即可播种，东北等春播地区可从 8℃时开始播种。在无水浇条件的易旱地区，适当晚播可使抽雄前后的需水高峰赶上雨季，避免“卡脖旱”。

套种玉米套种玉米的播期因种植方式和品种特性而定，可从 5 月上旬延续到 6 月上旬，在前茬作物收获前 10 天左右播种。

轮作夏玉米在前茬收后及早播种，越早越好。套种玉米在套种行较窄地区，一般在麦收前 7 ~ 15 天套种或更晚些；套种行较宽的地区，可在麦收前 30 天左右播种。

（二）播种方法

播种方法主要有条播和点播两种。点播按计划的株行距进行穴播，套种玉米多采用此法；条播采用机械播种，工效较高，适用于大面积种植。

等行距种植种植行距相等，一般为 60 ~ 70cm，株距随密度而定。其特点是植株抽穗前，叶片、根系分布均匀，能充分利用养分和阳光。播种、定苗、中耕除草和施肥时便于操作，便于实行机械化作业。但在高肥水、高密度条件下，生育后期行间郁蔽，光照条件较差，群体个体矛盾尖锐，影响产量进一步提高。

宽窄行种植也称“大小垄”，行距一宽一窄，宽行为 80 ~ 90cm，窄行为 40 ~ 50cm，株距根据密度确定。其特点是植株在田间分布不均匀，生育前期对光能和地力利用较差，但能调节玉米后期个体与群体间的矛盾。在高密度、高肥水的条件下，由于大行加宽，有利于中后期通风透光，使“棒三叶”处于良好的光照条件之下，有利于干物质积累，产量较高。但在密度小、光照矛盾不突出的条件下，大小垄就无明显的增产效果，有时反而减产。

密植通透栽培模式。玉米密植通透栽培技术是应用优质、高产、抗逆、耐密优良品种，采用大垄宽窄行、比空间作等种植方式，良种、良法结合，通过改善田间通风、透光条件，发挥边际效应，增加种植密度，提高玉米品质和产量的技术体系。通过耐密品种的应用和改变种植方式等，实现种植密度比原有栽培方式增加 10% ~ 15%，提高光能利用率。

1. 小垄比空技术模式

此即采用种植 2 垄或 3 垄玉米空 1 垄的栽培方式。可在空垄中套种或间种矮棵早熟马铃薯、甘蓝、豆角等。在空垄上间种早熟矮棵作物，如间种油豆角或地覆盖栽培早大白马铃薯。当玉米生长至拔节期（6 月末左右），早熟作物已收获，变成了空垄，改善了田间通风透光环境，使玉米自然形成边际效应的优势，从而提高产量。

2. 大垄密植通透栽培技术模式

此即把原 65cm 或 70cm 的 2 条小垄合为 130cm 或 140cm 的一条大垄，在大垄上种植 2 行玉米，2 行交错摆籽粒，大垄上小行距 35 ~ 40cm。种植密度较常规栽培每公顷增加 4500 ~ 6000 株。

单粒播种技术也称“玉米精密播种技术”，用专用的单粒播种机播种，每穴只点播一粒种子，具有节省种子、不需要间苗和定苗、经济效益好的优点。

玉米精密播种（单粒播种）技术适用于土壤条件好、种子纯度高、发芽率高、病虫害防治措施有保证的玉米地块。要求种子净度不低于 99%、纯度不低于 98%、发芽率保证达到 95%、含水量低于 13%。选定品种后，要对备用的种子进行严格检查，去掉伤、坏或不能发芽的种子以及一切杂质，基本保证种子几何形状一致。

（三）播量和密度

种子粒大、发芽率低、密度大，条播时播种量宜大些；反之，播种量宜小些。一般条播播种量为 45 ~ 60kg/hm²，点播播种量为 30 ~ 45kg/hm²。

地力较差和施肥水平较低的，密度应小一些，早熟品种、竖叶型品种，可适当密一些。根据现有品种类型和栽培条件，夏玉米一般适宜种植密度为：平展型晚熟高秆杂交种 3000 ~ 3500 株 / 亩，平展型中熟中秆杂交种 3500 ~ 4000 株 / 亩，平展型早熟矮秆杂交种 4000 ~ 4500 株 / 亩，紧凑型中晚熟杂交种 4000 ~ 4500 株 / 亩，紧凑型中早熟杂交种 4500 ~ 5000 株 / 亩。

（四）播种深度

一般播深度要求 3 ~ 5cm。土质黏重、墒情好时，可适当浅些；反之，可深些。玉米虽然耐深播，但最好不要超出 10cm。

（五）基肥与种肥施用方法

玉米施肥原则是基肥为主，追肥为辅；有机肥为主，化肥为辅，有机与无机配合；氮磷钾配合，基肥、种肥及追肥平衡配合施用。玉米各种肥料施用方法如下：

基肥。基肥是播种前施用的肥料，也称“底肥”，通常应该以优质有机肥料为主，化肥为辅。其重要作用是培肥地力，疏松土壤，缓慢释放养分，供给玉米苗期和后期生长发育的需要。有条施、撒施和穴施 3 种方法。以集中条施和穴施效果最好，施肥时应使肥料靠近玉米根系，容易吸收利用。

种肥。种肥主要满足幼苗对养分的需要，保证幼苗健壮生长。在未施基肥或地力差时，种肥的增产作用更大。硝态氮肥和铵态氮肥容易为玉米根系吸收，并被土壤胶体吸附，适量的铵态氮对玉米无害。在玉米播种时，配合施用磷肥和钾肥有明显的增产效果。种肥施用数量应根据土壤肥力、基肥用量而定。种肥宜穴施或条施，施用的化肥应通过土壤混合等措施与种子隔离，以免烧种。磷酸二铵做种肥比较安全；碳酸氢铵、尿素做种肥时，要与种子保持 10cm 以上距离。

三、田间管理主要技术措施

（一）苗期管理

玉米从出苗到拔节为苗期。一般春玉米经历 30 ~ 35 天，夏玉米 20 ~ 25 天。玉米苗期的生育特点是以根系生长为中心，其次是叶片，属于营养生长阶段。苗期主攻目标是培育壮苗，做到苗全、苗齐、苗匀、苗壮。壮苗标准是根系发达，茎基扁宽，叶片宽厚，叶色深绿，新叶重叠，幼苗敦实。具体促控措施如下：

化学除草播种后要及时进行化学除草，采用土壤封闭或茎叶处理。在玉米播后苗前，浇过地后，趁墒每亩用甲草已莠 250g 兑水 80kg 喷雾。

间苗、定苗间苗在 3 ~ 4 叶时进行，定苗在 5 ~ 6 叶时进行，应去弱留强，所留苗大小一致，按计划要求的密度计算好株距，并尽量做到株距均匀。

追施苗肥要普遍施用苗肥，促苗早发。苗肥在玉米 5 叶期施入，将氮肥总用量的 30% 及磷钾肥沿幼苗一侧（距幼苗 15 ~ 20cm）开沟（深 10 ~ 15cm）条施或穴施。

蹲苗促壮通过蹲苗控上促下，培育壮苗。方法是在苗期不施肥、不灌水、多中耕。苗色深绿，长势旺，地力肥，墒情好的情况下才蹲苗，否则不蹲。蹲苗时间一般不超过拔节期，夏玉米一般不需要蹲苗。

中耕除草一般中耕 2 ~ 3 次。深度应掌握“两头浅，中间深”的原则。

（二）穗期管理

玉米从拔节到抽雄为穗期。春玉米一般经历 25 ~ 35 天，夏玉米 20 ~ 30 天。穗期的生育特点是营养生长与生殖生长并进。玉米穗期田间管理主攻目标是通过肥水措施壮秆、促穗。具体措施如下：

追肥、灌水玉米拔节至抽雄期追肥，一般进行两次。第一次在拔节期前后施入，称为攻秆肥。第二次在大喇叭口期追施，称为“攻穗肥”。从拔节到抽穗，特别是从大喇叭口期，玉米进入水分临界期，可结合拔节期和大喇叭口期的追肥进行灌水。

中耕培土在拔节期施入攻秆肥后随即进行第一次中耕，兼有除草、覆盖化肥的作用。第二次中耕可于大喇叭口期施入攻穗肥后进行并培土。培土要求垄高 10 ~ 15cm，宽 30 ~ 35cm。

去蘖玉米拔节前即有分蘖长出。分蘖的多少除与品种特性有关外，与外界条件关系也很密切。目前大面积推广的玉米单交种分蘖一般不能成穗，应及时去蘖。去蘖时要防止松动主茎根系。

化控调节在穗期喷施生长调节剂（如玉米健壮素等），能够调节株型，促根防倒。

病虫害防治主要病虫害有玉米褐斑病、玉米茎基腐病、玉米青枯病、玉米瘤黑粉病、玉米螟。

（三）花粒期管理

从抽雄到成熟为花粒期。春玉米一般 45 ~ 50 天，夏玉米 30 ~ 40 天。

花粒期营养生长基本停止，进入生殖生长阶段，是开花、籽粒形成和增重的关键时期，即决定籽粒数和粒重的时期。花粒期的主攻目标是提高总结实粒数和千粒重，栽培中心环节是养根保叶，防止早衰，增加群体光合作用量，促进有机物质向籽粒运输。

补施粒肥玉米后期如脱肥，用1%的尿素＋92%磷酸二氢钾进行叶面喷洒。喷洒时间最好在下午4时后，也可在抽雄期再补施5 ~ 7kg尿素。

保墒防衰玉米生育后期，保持土壤较好的墒情，可提高灌浆速度，增加粒重，并可防治植株早衰。此时土壤干旱要及时灌水。

四、常发性病虫害及防治

病虫害防治应贯彻“防治为主，综合防治”的方针。其主要病虫害有以下几种。

（一）玉米黑粉病

症状玉米整个生长期地上部分均可受害，但在抽雄期症状表现突出。植株各个部分可产生大小不一的瘤状物，大的病瘤直径可达15cm，小的仅达1 ~ 2cm。初期瘤外包一层白色发亮的薄膜，后呈灰色，干裂后散出黑粉。叶片上有时产生豆粒大小的瘤状堆。雄穗上产生囊状的瘿瘤，其他部位则多为大型瘤状物。

发病条件和传播途径高温干旱，施氮肥过多，病害易发生。以病菌的厚垣孢子在土中或病残体及堆放的秸秆上越冬。越冬的厚垣孢子萌发产生小孢子，通过气流、雨水和昆虫传播。从植株幼嫩组织、伤口、虫伤处侵入为害。

防治技术实行轮作；重病区栽培抗病品种；加强栽培管理，避免氮肥过多，抽雄前后要保证水分供应；田间早期发现病瘤应及时刈除并深埋，秋收后彻底清除病残体，进行深翻，可减少初侵染源。播种时用种子量0.4%的20%粉锈宁乳油拌种，同时以多菌灵等杀菌剂进行土壤和粪肥处理，实现生长期彻底防治玉米螟等虫害。

（二）玉米大斑病

症状主要危害叶片，严重时波及叶鞘和苞叶。田间发病始于下部叶片，逐渐向上发展。发病初期为水渍状青灰色小点，后沿叶脉向两边发展，形成中央黄褐色，边缘深褐色的梭形或纺锤形的大斑，湿度大时病斑愈合成大片，斑上产生灰黑色霉状物，致病部纵裂或枯黄萎蔫，果穗苞叶染病，病斑呈不规则状。

该病症在七八月雨季易于发病。温度 18℃ ~ 22℃，高湿，尤以多雨多雾或连阴雨天气，易引起该病流行。

防治方法是当病叶率达 20%时，用 70%代森锰锌 500 ~ 800 倍液喷洒，隔 7 ~ 10 天喷一次，连续 2 ~ 3 次。

（三）玉米小斑病

症状主要危害叶、茎、穗、籽等，病斑椭圆形、长方形或纺锤形，黄褐色、灰褐色。有时病斑上具轮纹，高温条件下病斑出现暗绿色浸润区，病斑呈黄褐色坏死小点。

具备传播途径温度高于 25℃和雨日多的条件，一般发病重。

防治方法参照玉米大斑病防治方法。

（四）玉米螟

为害状玉米螟取食叶肉或蛀食未展开心叶，造成花叶；抽穗后钻蛀茎秆，使雌穗发育受阻而减产。蛀孔处遇风易断，则减产更严重。幼虫直接蛀食雌穗嫩粒，造成籽粒缺损、霉烂、变质。

发生条件和传播途径。一般越冬基数大的年份，田间 1 代卵量和被害株率就高。越冬幼虫耐寒力强，冬季严寒对其影响不大，春寒能延迟越冬幼虫羽化。湿度是玉米螟数量变动的重要因素。越冬幼虫咬食潮湿的秸秆或吸食雨水、雾滴，取得足够水分后才能化蛹、羽化和正常产卵。低湿对其化蛹、羽化、产卵和幼虫成活不利。以高龄幼虫在寄主植物秸秆、穗轴内越冬，来春化蛹、羽化、成虫产卵于寄主植物叶背，孵化成幼虫后形成为害。

在越冬幼虫羽化前，将玉米、高粱等有虫秸秆做燃料、铡碎沤肥和封存穗轴是消灭越冬幼虫、压低虫源基数的有效措施。于玉米“大喇叭口”期采用“三指一撮”法以 1.5%辛硫磷颗粒剂按每亩 1.5 ~ 2kg 用量灌心，防治效果明显。心叶中期撒施白僵菌颗粒剂，即将含菌量为 50 亿 ~ 500 亿 /g 的白僵菌孢子粉 500g 与过筛的煤渣 5kg 拌匀，撒施于玉米心叶中。

（五）黏虫

该虫属杂食性害虫。主要咬食叶片，形成缺刻。

发生条件和传播途径。黏虫喜温暖高湿的条件，在一代黏虫迁入期的 5 月下旬至 6 月降雨偏多时，二代黏虫就会大发生。高温、低湿不利于黏虫的生长发育。黏虫为远距离迁飞性害虫。

防治技术冬小麦收割时，为防止幼虫向秋田迁移为害，在邻近麦田的玉米田周围以2.5%敌百虫粉，撒成4寸宽药带进行封锁；玉米田在幼虫3龄前以20%杀灭菊酯乳油15 ~ 45g/亩，兑水50kg喷雾，或用5%灭扫利1000 ~ 1500倍液、40%氧化乐果1500 ~ 2000倍液或10%大功臣2000 ~ 2500倍液喷雾防治。低龄幼虫期以灭幼脲1 ~ 3号200ppm防治黏虫幼虫，药效在94.5%以上，且不杀伤天敌，对农作物安全，用量少不污染环境。

五、收获

食用玉米一般于苞叶变白、籽粒变硬的完熟期收获，饲用的青储玉米宜在乳熟末期至蜡熟期收获。

第五节 大豆种植技术

大豆是豆科大豆属的一年生草本，各地均有栽培，亦广泛栽培于世界各地。大豆是我国重要经济作物之一，我国东北为主产区，是一种其种子含有丰富植物蛋白质的作物。大豆最常用来做各种豆制品、榨取豆油、酿造酱油和提取蛋白质。

一、选用优质高产品种

（一）种子精选

待播的种子要进行精选，选后的种子要求大小整齐一致，无病粒，净度99%以上，芽率95%以上，含水量不高于12%，力求播一粒，出一棵苗。

（二）晒种

为提高种子发芽率和发芽势，播种前应将种子晒2 ~ 3天。晒种时应薄铺勤翻，防止中午强光暴晒，造成种皮破裂而导致病菌侵染。

（三）拌种

为防治大豆根腐病、霜霉病等，用福美双或50%克菌丹可湿性粉剂以种子量的4%进行药剂拌种，防蛴螬、蝼蛄、金针虫等地下害虫；用辛硫磷乳剂闷种，即用50%辛硫磷0.5kg加12.5kg水制成稀释液，每千克该液可拌10kg种子，拌后4个小时，阴干后播种。用大豆专用种衣剂包衣，防大豆根腐病、孢囊线虫病以及地下害虫。当土壤有效钼含量小于0.15ppm时，每千克种子用0.5%钼酸铵溶于20mL水中，然后洒在大豆种子上，混拌均匀，阴干后播种。

大豆种植应坚持合理轮作，可与玉米、小麦等轮作，减少重茬、迎茬面积，同时尽量秸秆还田，以培肥地力。整地以深松为原则，一般耕翻深度20cm左右。它作为禾谷类的前茬，能使后茬有不同程度增产效果。

细致整地根据前茬作物进行伏秋翻，深度22 ~ 25cm，作业时不起大土块，不出明条、垡块，要扣严、不重、不漏。

土壤水分适宜整地后土壤水分含量（干土重%）播种时应为22%左右，确保种子正常吸水出芽。适期播种在土壤5 ~ 7cm深处，地温稳定在8℃时，即为播种时期。

种植密度。大豆合理密植总的原则是肥地宜稀，薄地宜密；分枝多的晚熟品种宜稀，株型收敛分枝少的早熟品种宜密。因地力、品种特性确定合理密度。平原区适宜密度为每亩1.2万 ~ 1.4万株；山区、半山区适宜密度为每亩1.6万 ~ 1.8万株；干旱、半干旱区适宜密度为每亩1.3万 ~ 1.5万株。

播法分垄上双行精量点播、垄上等量穴播、“三垄”栽培法、窄行密植栽培法。加强对窄行密植技术及由其衍生的大垄密、小垄密和平作窄行密植技术的研究与示范推广。窄行密植技术应采用矮秆、半矮秆的耐密品种，不宜选择生育期过长、植株过高的品种，保证在种植密度增加的情况下获得高产。

保证播种质量播种不宜过深，也不应太浅，且做到深浅一致，否则都将影响种子发芽及植株的整齐度。

二、深层施肥

翻前施底肥在春翻或伏秋翻的地块，作物收后，把发酵好的有机肥均匀地撒施于地表，然后用耙将肥料耙入土中，粪、土充分混合后进行深翻，翻后耙平捞细起垄。有机肥营养全面，分解缓慢，肥效持久，能充分满足大豆全生育期，特别是生育后期对养分的需求，是大豆高产的基础。

深层施肥把肥料施于播种部位的种子以下，使肥料与种子分开，以防止烧种、烧苗，充分发挥肥效，促进根系生长，有利于根瘤固氮，满足大豆生长发育过程中对养分的需求。

分层施肥应注意氮肥、磷肥、钾肥的施用比例，以及不同生育阶段大豆对肥料的不同需求，同时注重硼肥、锌肥等微量元素的合理搭配。

配施化肥近年来实践证明，化肥施用量以每公顷施磷酸二铵150kg，硫酸钾或氯化钾75kg效果最好，也可用大豆专用肥每公顷施250kg左右。施肥方法：大豆化肥施用可结合深松和播种集中于垄底分层施用。

三、田间管理

（一）除草

（1）合理轮作可减少杂草危害和病虫害蔓延。

（2）中耕培土是常规除草方法，可结合铲地、施药、追肥进行复式作业。第一次中耕应在大豆出苗前至第一片复叶展开期间进行，第二次中耕可结合第二遍铲草在第三片复叶出现时进行，第三次中耕应在大豆开花前结束。

（3）大豆化学除草目前主要使用播后苗前土壤处理，一般每公顷用50%乙草胺乳油2.25 ~ 3kg，加5%豆磺隆可湿性粉剂加适量水在播后3 ~ 5天喷雾处理，也可用大豆专用除草剂进行播后苗前处理。注意水量一定要足，而且要喷洒均匀。

（二）施肥

1. 增施有机肥

有机肥营养全面，分解缓慢，肥效持久，能充分满足大豆全生育期，特别是生育后期对养分的需求，是大豆高产的基础。

秋季翻地前每亩施腐熟好的人畜粪便2t以上，均匀洒施于田间，拖拉机深翻时将肥料翻到深层，整平耙细。

2. 配施化肥

实践证明，化肥施用量以每公顷施磷酸二铵150kg，硫酸钾或氯化钾75kg效果最好，也可用大豆专用肥每公顷施250kg左右。

大豆化肥施用可结合深松和播种集中于垄底分层施用。以“垄三”栽培法较好，它可以配合垄底深松深层施入大量底肥，也可在播种时施入较深层的种肥。这种做法集中于垄体不同层次施肥，既促进肥料有效利用，又保证大豆全生育期对肥料的需求。

（三）灌水

目前，人们普遍认为大豆灌水是增产幅度最大的关键措施，据调查，有灌水条件的地块可提高产量40%以上。

大豆灌水必须根据大豆对水分的要求、土壤含水状况及天气变化情况灵活掌握，适时灌溉才能确保大豆增产。通常把大豆萎蔫作为严重缺水的症状，然而在萎蔫之前已经缺水，如不及时灌溉，将会影响产量。因此，生产上常常凭借经验和观察确定应灌溉时间。灌溉的指标和依据是生理指标和土壤水分指标。生理指标是指生长速度减慢，叶片老绿，中午高温时叶片短暂枯萎，甚至植株下部叶片变黄脱落，等等，这些都是缺水现象，有条件的地块应及时灌水。

（四）植物生长调节剂的使用

植物生长调节剂是一种促进抑制植物生长发育的激素物质，它对大豆不同时期的生长发育有促进和抑制作用，可调节大豆体内生理起到增产作用。植物生长调节剂可分为促进大豆生长和发育及抑制大豆徒长的激素物质。

1.“增产”系列

在生长不繁茂的地块于盛花期用1g增产灵溶于少量酒精中，加水100kg，每公顷喷900kg，隔7天后再喷一次，可起到增花、保荚、增加百粒重作用。

2.“丰产”系列

含有作物生长发育所需的植物激素和多种微量元素，促进光合作用和早熟，增加结实率，增产10%～15%，使用时喷施1000～2000倍液2～3次，选择无风晴天、气温在20～25℃使用最好。

3.矮壮素

在大豆高产、超高产栽培中，由于肥水的施用，会使大豆生长过于繁茂，常因后期倒伏造成落花、落荚不能高产。在高肥水栽培的田块上，于大豆开花初期用0.125%控制生长的矮壮素每公顷喷450g，可防止徒长造成的倒伏，起到保花、保荚的作用，一般可增产10%～20%，徒长严重的地块使用矮壮素后增产40%以上。

四、病虫害防治

（一）大豆病害

危害我国大豆的主要病害有30余种，可分为真菌性病害、细菌性病害和病毒病。

1. 大豆霜霉病

大豆霜霉病主要发生在气候冷凉的东北和华北地区。该病危害大豆幼苗、叶片、豆荚和籽粒。种子带菌可引起幼苗发生系统侵染，但子叶不表现症状。

在幼苗展开第一片真叶时，沿真叶叶脉两侧出现褪绿斑块，后扩大至半个叶片，有时整片叶子发病变黄，天气多雨潮湿时，叶背密生灰白霉层。成株期叶片表面生圆形或不规则形病斑，黄绿色，边缘不清晰，后变褐色，叶背生灰白色至淡紫色霉层。多个病斑汇合成大豆斑块，使病叶干枯。豆荚染病外部不明显，但荚内常有黄色霉层，豆粒受害表面变白无光泽，并附着一层灰白色粉末状物。

2. 大豆细菌性斑点病

大豆细菌性斑点病各大豆产区均有发生，北方重于南方，尤其在冷凉潮湿的气候条件下发病多，干热天气则阻止发病。该病主要危害叶片，也危害幼苗、叶柄、茎、豆荚及豆粒。叶上病斑初呈褪绿小点，半透明水渍状，渐变为黄色至淡褐色，后扩大成多角形或不规则形病斑。病菌在种子上形成褐色斑点，上有一层菌脓。

3. 大豆花叶病

大豆花叶病是大豆病毒病，症状变化很大，主要表现型有：黄斑型，受害植株叶片皱缩，退为黄色斑驳，叶脉变褐色坏死；芽枯型，病株茎顶及侧枝顶芽呈红褐色或褐色，萎缩卷曲，最后枯死；重花叶型，病叶皱缩严重，叶脉褐色弯曲，整个叶片叶缘向后卷曲，植株矮化；皱缩花叶型，叶片沿叶脉呈泡状凸起，叶缘向下卷曲，植株矮化，结荚少。

4. 大豆孢囊线虫病

该病为典型土传线虫病害，主要危害根部。根部受害后导致植株生长发育不良、矮化、叶片褪绿黄化，似缺素症，拔出病株可见根系发育不良，侧根少，细根增多，根瘤少，根系附有乳白色球状物。受害植株结荚少或不结荚，结荚的种子干瘪、瘦小，百粒重明显减轻。

（二）大豆虫害

1. 大豆蚜虫

大豆的成蚜和若蚜，集中在豆株的顶部嫩叶、嫩茎上刺吸汁液，严重布满上部株茎、叶及荚，使叶片皱缩，根系发育不良，植株矮小，结荚少，千粒重降低。苗期发生严重时整株枯死，轻者可减产 20% ~ 30%，重者可减产 50%以上。

2. 大豆食心虫

幼虫侵蚀豆荚和豆粒，轻者沿豆瓣缝将豆粒蛀食成沟，重者将豆粒食去大半，降低大豆产量和品质。一般年份虫食率为 10%，严重时达 30% ~ 40%，甚至高达 70% ~ 80%。

（三）综合防治

（1）培育和推广抗病品种。

（2）大豆种子药剂处理和选用无病种子。

（3）栽培技术防治。做好中耕除草，排除田间积水能减轻病害的发生，增施磷肥、钾肥可提高植株的抗病能力。

（4）田间化学药剂防治。抓住时机，巧治、快治是田间药剂防治的关键。病害在刚出现发病阶段用药效果最好。

五、收获和储藏

大豆收获期因收获方法不同而不同，人工收割应在大豆黄熟期进行。黄熟期是指大豆主茎任何一个节上出现一个正常的已变成成熟颜色的豆荚，这就标志全株已达到生理成熟，这时豆粒变黄，割倒后铺放在地上，通过后熟作用晾晒几天，使籽粒都能归圆、变黄，从而不影响产量和质量。通常收割后晾晒 5 ~ 7 天，即应适合脱粒。机械收获应在完熟期进行。完熟期是农业成熟期，指茎秆变褐，除少数品种外，叶及叶柄全部脱落，摇动植株，以种子在荚内发出响声为标准。大豆成熟后应抓紧收获，以免造成不必要的损失。收获脱粒后的大豆，用清粮机清选，水分高于 4.5%时应烘干，无烘干设施时应及时摊场晾晒，避免高水分储藏造成烂仓，储藏库应具备通风好、温度低等优点。

第六节 胡麻种植技术

胡麻（也称为“芝麻”）的种植技术涉及多个方面，包括土地的选择、整地、播种、田间管理和收获等。以下是胡麻种植技术的详细步骤：

一、播前准备

选择土层深厚、土质疏松、保水保肥力强、排水良好的微酸性土壤。前茬以玉米、小麦、大豆、甜菜为好，实行 4 ~ 5 年以上轮作。春耕时应及时耙耱，使土壤细碎、疏松、保墒，有利于胡麻出苗、保苗。对种子进行精选、晾晒，提高发芽率；用种子量的 0.3%福美双拌种，防治苗期病害。

二、适时播种

根据胡麻种子在 1 ~ 3℃发芽的特性，当平均气温稳定到 7 ~ 8℃时即可播种。播种期一般在 3 月中下旬至 4 月上旬，适时早播利用春季地墒，有利于苗全、苗壮。

三、播种量

一般采用机械条播，每亩播种量 6 ~ 8kg，亩保苗 30 万 ~ 45 万株。播种深度应根据土壤湿度、质地而定，适宜的播种深度一般在 3cm 左右。

四、田间管理

除草采用化学除草方法，如在株高 3 ~ 4cm 时喷施药剂。追肥以氮肥为主，施提苗肥和攻蕾肥，具体用量根据土壤肥力和苗情确定。灌水在苗高 6 ~ 10cm 时灌第一水，现蕾到开花前灌第二水，干旱时应适当浇水。

五、其他注意事项

盛果期后，当主茎顶端叶节簇生，近乎停止生长时，选择晴天上午摘除顶芽。合理轮作可以减少病虫害的发生，改善土壤营养状况，提高地力。以上信息综合了搜索结果中的内容，避免了重复和矛盾的信息，确保了信息的准确性和完整性。

第七节 燕麦种植技术

一、燕麦的栽培环境

（一）温度

燕麦喜欢凉爽但不耐寒，温带北部最适合种植。种子可以在 2 ~ 4℃发芽，幼苗可以忍受－2 ~ 4℃的低温环境，是麦类作物中是最耐寒的一种。中国北部和西北部地区，冬天寒冷，只能在春天播种，南部地区通常是秋天播种，夏天高温来临前成熟。

（二）水分

燕麦生长在高寒荒漠区，种子发芽时需要约自身重65%的水分，蒸腾系数高于大麦和小麦，消耗的水分也多。在生长期间如果水分不足，会导致子粒不充实产量下降。因此，燕麦的根茎往往长1m左右，可以吸收更多的水分。

（三）土壤

燕麦在优良的栽培条件下，各种质地的土壤可都以获得良好的收成，但是富含腐殖质的湿润土壤最好，燕麦对酸性土壤的适应能力比其他麦类作物强，但不适合盐碱土栽培。

二、燕麦的播种技术

（一）种子处理

燕麦播种前选择晴朗无风的天气，把种子摊薄2 ~ 3cm，晒3 ~ 5天。晒种子可以促进种子的早期发芽，提高发芽率，提前出苗，阳光中的紫外线可以杀死种子表皮上的细菌，减少病虫害的发生。用种子量为0.2%的拌种双或多菌灵混合拌种，可以防止燕麦丝黑穗病、锈病等，地下害虫严重的地区也可以用辛硫磷和呋喃丹混合拌种。

（二）播种时间

早春土壤解冻10cm左右即可播种。燕麦的适宜播种期为3月25日至4月15日，最佳为清明前后，最迟不要超过谷雨。根据降水情况，抢播种尤为关键，抓苗是旱地燕麦高产的主要措施。

（三）播种方法

燕麦最好用机械播种或人工开沟条播，不宜撒播。条播行距为15 ~ 20cm，深度为3 ~ 5cm，防止重播、漏播，下种深浅度要一致，播种均匀，播后镇压使土壤和种子密切结合，防止漏风闪芽。每亩播种量为10 ~ 15kg，收籽粒的可适当减少。

三、燕麦田间管理

（一）松土除草

燕麦出苗前遇雨雪时，应及时松土，破除板结。燕麦的整个生育期要除草 2 ~ 3 次，三叶期中耕松土除草，应早除、浅除，提高地温，减少水分蒸发，促进早生根，快扎根，保护苗木。拔节前进行 2 次除草，中后期应及时拔出杂草。若种植面积比较小，可选人工除草。种植面积大时采用化学除草剂，三叶期采用 72% 的 2.4 — D 丁酯乳油 60 毫升 / 亩，或者 75% 的巨星干悬浮剂 1 ~ 2g/ 亩，选择晴天、无风、无露水的天气均匀喷洒。

（二）施肥灌溉

燕麦分蘖拔节期要结合灌水每亩追加硫酸铵 25kg，旱地应就雨追肥。燕麦开花灌浆期，可使用 0.2% ~ 0.3% 磷酸二氢钾水溶液与 20% 尿素溶液混合在根外追肥，每亩喷药 70kg，7 天后再次复喷促进灌浆，及时追加叶面肥，提高粒子重量。在有灌水条件的地方，如果遇到春旱，从燕麦三叶期到分叶期浇水一次，灌浆期浇水一次。

（三）收获储藏

燕麦可从拔节到开花期两次刈割作青饲料。第一次在株高 50 ~ 60cm 时刈割，留茬 5 ~ 6cm，每隔 30 ~ 40 天刈割第二次，不留茬。燕麦青储可从抽穗到蜡熟期收获，如果需要用带成熟种子的燕麦全株青储，可以在成熟初期收获。燕麦籽粒在蜡熟期采收。

第八节 大同市高寒山区谷子生产技术

大同市高寒山区的谷子生产技术主要受当地气候和土壤条件的影响，需要采取一系列措施来提高谷子的产量和质量。

一、品种选择

选择适应寒冷气候和山区土壤的谷子品种，如高寒早熟谷子。

二、土壤改良

对土壤进行改良，包括施入有机肥料、磷肥、钾肥等，以提高土壤的肥力和保水性。

三、播种时间

根据当地的气候特点，选择适宜的播种时间，通常在春季。

四、密植种植

在山区，可以采用密植种植方式，提高单位面积的产量。

五、灌溉管理

对于干旱地区，需要进行适当的灌溉管理，确保水分供应充足。

六、病虫害防治

定期检查田地，采取措施预防和控制谷子的病虫害。

七、育苗管理

在苗期要注意及时除草、松土、施肥等管理工作。

八、收获技术

在谷子成熟后，及时进行收获，并注意保存和处理。

九、后期管理

秋季后，要做好土地的冬季保护工作，以便下一年的种植。

综合以上措施，可以在高寒山区改善谷子的生产技术，提高产量和质量，确保农民的经济收益。同时，需要根据当地的具体气候和土壤条件进行调整和优化。

第九节　晋北高寒冷凉区谷子地膜覆盖栽培技术

在晋北高寒冷凉区，地膜覆盖栽培技术可以有效提高谷子的产量和质量。以下是一些关键的技术步骤。

一、地膜选择

选择适合高寒冷凉地区的地膜材料，通常选择黑色地膜或银黑双色地膜，这些地膜有助于吸收和保持更多的太阳能热量。

二、地膜铺设

在播种前，将地膜铺设在田地表面，确保地膜平整，没有空隙。地膜可以固定在地面上，以防止风吹或雨淋时移动。

三、地膜排水

在地膜上穿孔，以确保雨水能够渗透并避免水浸。

四、地膜覆盖后的土壤处理

在地膜上穿孔，然后在每个穿孔处种植或播种谷子，确保种子与土壤紧密接触，有利于生长。

五、灌溉管理

通过地膜覆盖，可以减少土壤水分的蒸发和流失，因此需要进行适度的灌溉，确保土壤湿度合适。

六、营养管理

在地膜下添加有机肥料或矿物肥料，以提供养分供应。地膜有助于减少养分流失。

七、地膜的保护和维护

地膜在整个生长季节内需要保持完整，及时修复任何损坏或破裂的地膜，以确保最佳效果。

八、生长期间的管理

密切监测谷子的生长情况，及时采取措施对抗病虫害，保持田地的整洁和秩序。

九、及时收获

在谷子成熟后，及时进行收获，以避免谷子过熟或损失。

地膜覆盖栽培技术有助于提高晋北高寒冷凉区谷子的产量和质量，通过减少土壤水分蒸发和提高土壤温度，创造了更有利于作物生长的环境。这种技术对于应对寒冷气候条件下的谷子种植非常有效，但需要精细管理和定期维护。

第十节 高寒地区优质绿豆高产栽培技术

在高寒地区实现优质绿豆的高产栽培需要采取一系列的技术措施，以适应恶劣的气候和土壤条件。以下是一些关键的技术步骤。

一、品种选择

选择适应高寒地区气候的绿豆品种，具有耐寒性和矮生性的特点，以减少霜冻的影响。

二、土壤改良

在绿豆种植前，进行土壤测试，了解土壤的酸碱度和养分水平。根据测试结果，施加合适的有机肥料和矿物肥料，改善土壤结构和肥力。

三、适时播种

选择适宜的播种时间，通常在最后一次霜冻过后，土壤开始升温时进行。在高寒地区，可能需要采取温室或覆盖物来提前种植。

四、行距和株距

根据绿豆品种的生长习性，设置适当的行距和株距，以确保每株绿豆能够充分生长和分枝。

五、灌溉管理

确保及时而适量的灌溉，特别是在干旱季节。同时避免过多的水分，以防根部腐烂。

六、病虫害防治

高寒地区也会有一定的病虫害问题，及时采取防治措施，如喷洒农药或采取有机农业方法来减少害虫的危害。

七、支撑管理

随着绿豆植株的生长，可能需要支撑来避免植株倒伏，并提高通风透光性。

八、收获时机

在绿豆颜色变为黄熟时进行收获，及时采收有助于提高产量和保持绿豆的品质。

九、后期管理

及时清理田地，处理植株残余物，准备下一季的种植。

高寒地区的绿豆栽培需要综合考虑气候、土壤和品种的因素，采取适当的管理措施，以获得高产和优质的绿豆产量。同时，及时关注天气变化，特别是霜冻的情况，采取保护措施以避免绿豆受到天气变化带来的不利影响。

第五章 设施果树种植技术

第一节 设施桃栽培技术

桃果外观艳丽、味道鲜美、芳香宜人，深受世界各国人民的喜爱。桃在我国被视为吉祥之物，素有“仙桃”“寿桃”之称。

桃果营养丰富，每100g果肉含糖7 ~ 15 g，有机酸0.2 ~ 0.9 g，蛋白质0.4 ~ 0.8 g，脂肪0.1 ~ 0.5 g，维生素C_3约5 mg、维生素$B_1$0.01 mg、维生素$B_2$0.2 mg，类胡萝卜素1.18 g。除鲜食外，桃果还可以加工成果汁、果酒、果酱、蜜饯、糖水罐头、奶油桃瓣等。此外，桃树的根、皮、叶、花、仁均可入药。

桃树品种繁多，果实发育期为45 ~ 210天（秋季晚期到冬季初期），是进行反季节设施栽培的主要果树种类之一。桃树设施栽培模式多样，既可利用极早熟、早熟和中熟名特优品种进行日光温室和塑料大棚促成栽培，又可利用晚熟、极晚熟品种进行延迟栽培，南方春季多雨地区还可搭建防雨棚进行防雨栽培。

一、品种简介

根据不同的桃设施栽培模式，品种选择应遵循以下原则。

（一）促成栽培

为适应桃树设施栽培集约化种植，达到早期优质丰产的目的，一般桃设施促成栽培品种的选择应遵循以下原则：

（1）树体矮小，树冠紧凑，易花早果且丰产，自花结实能力强。

（2）果实发育期短（极早熟为45 ~ 65 d，早熟为66 ~ 83 d）品种；自然休眠期短，低温需求量低、易人工打破休眠。

（3）以鲜食为主的应选果个大、酸甜适口、色泽艳丽、果型整齐、质量佳、耐储运的品种。

（4）适应性强，尤其是花芽抗寒性强、对温湿度适应范围宽、抗病性强的品种。

（二）延迟栽培

选需冷量高且果实发育期长（一般在200 d以上）、花期耐高温的品种。其余同促成栽培。

（三）避雨栽培

花期耐湿和耐裂果的品种。其余同促成栽培。

二、桃的生长发育规律

（一）生长结果习性

桃树为落叶小乔木，干性较弱，自然生长时常呈圆头状，高约4 m。桃幼树生长旺盛，发枝多，形成树冠快。桃树寿命较短，北方一般20年后树体开始衰老，在多雨和地下水位较高地区或瘠薄的山地，一般12 ~ 15年树势即明显衰弱。光照充足、管理水平较高的桃园25 ~ 30年还可维持较高产量。设施栽培条件下由于环境条件的变化，其经济结果年限大大缩短，熟悉设施桃树的生长结果习性，对于优化设施栽培管理，达到设施栽培桃优质丰产具有极其重要的意义。

1. 生长特性

（1）根系

桃为浅根性树种，分布的深度及广度因砧木种类、品种特性、土壤条件和地下水位高低而异。桃水平根发达，无明显主根，其水平分布一般与树冠冠径相近或稍广。垂直分布通常在1 m以内，集中分布层为20 ~ 40cm。毛桃砧根系发育好，须根较多，垂直分布较深；山桃须根少，根系分布较深。

在年生长周期中，桃根系在早春开始活动较早。土壤解冻以后，桃根系开始吸收并同化氮素，地温达到5℃左右时，根系开始生长，15℃以上开始旺盛生长，22℃时生长最快。当土温高达26℃时，根系停止生长，进入相对休眠期。土温降至19℃左右时，根系开始第二次生长，但生长势较弱。秋末冬初，土温降至11℃时，桃树根系停止生长，进入冬季休眠期。

（2）芽的类型和特性

桃芽按性质可分花芽、叶芽和潜伏芽。桃的顶芽都是叶芽，花芽为侧芽。桃花芽肥大呈长卵圆形。叶芽瘦小而尖，呈三角形。

根据芽的着生状态可分为单芽和复芽。一节着生 1 个叶芽或 1 个花芽。复芽是桃品种的丰产性状。最常见的复芽组合是一个花芽与一个叶芽并生的双芽和两侧为花芽中间为叶芽的三芽并生。叶芽多着生在枝条下部，花芽和复芽多发生在枝条的上部，花芽为纯腋花芽，每芽开 1 花，花芽分化多在新枝接近停止生长或停长期进行。

桃叶芽具有早熟性，当年形成的芽当年能萌发，生长旺的枝条一年可多次萌发。桃萌芽力和成枝力强，只有少数芽不能萌发形成潜伏芽。桃的潜伏芽少而且寿命短，不易更新，树冠下部枝条易光秃，结果部位上移。

（3）枝条类型和特性

桃枝按其主要功能可分为生长枝和结果枝两类。

2. 结果习性

（1）开花坐果

桃为两性花，自花结实能力强。但生产上有很多花粉败育品种，这些品种大多果实品质优良，在合理配置授粉树的条件下仍可丰产。对授粉品种的要求，首先是花期与主栽品种重叠，其次是花粉量大。桃花粉直感现象明显，不同品种花粉为同一品种授粉，所结果实的形状、颜色等均有明显差异。无花粉或少花粉品种的丰产性受气候影响明显大于完全花品种。气候环境变化较大、灾害性天气发生频率较高的地区，应尽量选择主栽完全花品种。

桃开花时的日平均温度在 10℃以上，最适日平均温度为 12 ~ 14℃。同一品种的开花期为 7 d 左右。花期长短因栽培方式和气候状况而异，日光温室促早栽培条件下，花期明显长于露地栽培桃，一般为 10 ~ 15 d；气温低、湿度大则花期长；气温高、空气干燥则花期短。

桃花子房中有两个胚珠，一般在受精后 2 ~ 4 d 小的胚珠退化，大的则继续发育形成种子。有时 2 个胚珠同时发育，在 1 个果核内形成 2 粒种子。子房壁的内层发育成果核，中层发育形成果肉，外层发育成果皮。

（2）果实发育

桃果实生长发育曲线为双 S 型。授粉受精后，子房壁细胞迅速分裂，子房开始膨大，形成幼果。2 ~ 3 周后，细胞分裂速度逐渐放慢，果实生长也随之放缓。之后 30 d 左右细胞分裂停止。此后的果实生长主要靠细胞体积和细胞间隙的增大。桃果实生长发育要经历 3 个时期，即幼果迅速生长期、硬核期和果实迅速生长与成熟期。

（3）花芽分化

桃树的花芽是由开花前一年夏秋季新梢叶腋部位的芽分化而成的。桃树花芽分化经历生理分化和形态分化 2 个时期。形态分化开始前 5 ~ 10 d 为生理分化期。此期新梢生长速度明显放慢。生理分化期一般于 5 月下旬至 6 月上旬开始，到 7 月中旬前后结束。生理分化开始后不久即转入形态分化，至秋季落叶前，芽内逐渐分化形成萼片原始体、花瓣原始体、雄蕊原始体和雌蕊原始体。不论分化开始早晚，冬前均可分化形成雌蕊原始体。随后，花芽停止分化，进入冬季休眠状态。

（二）桃对环境条件的要求

1. 光照

桃树特别喜光，光照充足、日照时间长，枝条发育充实、花芽分化好、坐果率高、果实品质优良。光照不足时，易发生徒长枝，枝条易枯死，花芽质量差，坐果率低，果实品质低劣。因此，设施栽培桃树，要特别注意调整光照，要经常擦膜，保持采光面光亮、透光率高；地面要铺设反光膜，墙壁张挂反光膜，增强室内光照强度；树体应稀疏留枝，并要采用低干矮冠的自由纺锤形，以利于改善设施内光照条件。

2. 温度

桃树喜冷凉，较耐寒。休眠期中，在－22℃的低温范围内，一般不会发生冻害，如果气温低于－23℃以下，则不宜栽培桃树。桃各器官中，花芽耐寒力最弱，一般休眠期能耐－16 ~－14℃的低温。北方 2 月温度骤降或温度较低时，花芽容易受冻，有些品种会产生僵芽现象。根系耐寒力较弱，土温降至－10℃以下时，根系会遭受冻害。花蕾期较耐低温，能耐－3℃左右低温，花朵次之，能耐－2℃左右低温，幼果期遇到－1℃低温就会发生冻害，温度越低，时间越长，冻害越严重。桃树休眠期需要通过一定的低温量，才能正常地发芽、开花、结果。一般栽培品种的需冷量为 600 ~ 1200 h。桃树根系生长的最适宜温度为 18 ~ 22℃，开花期最适宜温度为 12 ~ 16℃，枝叶生长发育的最适宜温度为 18 ~ 23℃，果实膨大期月平均温度达到 24.9℃时，产量高、品质好，果实成熟期的温度以 28 ~ 30℃为好。

3. 水分

桃耐旱怕水涝，根系好氧性强，地面短期积水就会造成落叶、黄叶甚至引起植株死亡。土壤水分过多还会引起枝条徒长和流胶现象发生，并能引起果实开裂和病虫害严重发生。但也不能缺水，土壤水分不足会引起根系生长缓慢、枝条生长弱、落果严重、果实质量差。严重干旱会造成大量落叶、甚至导致死树现象发生。因此，在建园时必须考虑选择地下水位低、排水良好的地方。

4. 土壤

桃树适应性强，对土壤要求不严，一般土壤都能栽培，但在有机质含量高、透气性好的壤土、沙壤土地中栽培，其根系发育好，树体健壮。桃树在微酸至微碱性土壤中都能生长，最适宜 pH 值为 5 ~ 6.5 的弱酸性土壤，土壤石灰含量高、pH 值高于 7.5 以上时，表现缺铁，易发生黄叶病，特别在排水不良时，黄叶病发生更为严重。

三、设施桃的栽培管理

（一）土壤管理

土壤管理的技术途径与方法主要有土壤改良、施肥、灌水、排水、降低地下水位等。生产者要根据树龄、土壤、气候状况及优质丰产栽培的要求有针对性地选用具体的土壤管理技术。

1. 土壤改良

设施栽培规模相对较小，设施内空间小，栽植密度大，作业不便，因此土壤改良工作应在苗木定植前一次完成。

2. 施肥

施肥要以有机肥为主。在秋施基肥的基础上，根据桃树的年龄时期和各物候期生长发育对养分需求的状况与特点，决定追肥的时期、种类与数量。1 ~ 3 年生幼树少施或不施氮素化肥，花芽分化前追施一定数量的钾肥，以促进花芽分化和枝条成熟。除注重秋施基肥以外，追肥以钾肥为主，重点在硬核后的果实速长期进行。

（1）基肥

基肥主要是各种有机肥料，可加入少量速效氮肥和磷肥，酸性土壤可同时混施一定数量的石灰。基肥应秋施，一般在落叶前 30 ~ 50 d 施入。每亩施入充分腐熟的优质农家肥 3000 kg，配合施入适量速效肥，一般每亩施入磷酸二铵 50 kg，硫酸钾 50 kg，尿素 50 kg。基肥采用全园施肥法，将肥料均匀地撒于地面，然后进行耕翻、浇水。

（2）追肥

定植当年，要加强肥水管理，达到当年定植，当年扣棚，次年结果的目的。

在有机肥施足的基础上，当苗木新梢生长到 15 ~ 20cm 时，在离苗木 20cm 地方每株追施 50 g 尿素，同时灌水，20 ~ 30 d 一次，并逐渐增加追肥用量，最多可加到 300 g 以上。

6 月下旬至 7 月上旬每株追施 150 ~ 200 g 多元复合肥同时灌水，促进果树形成花芽。到 7 月上旬使用复合型植物生长激素（PBO）150 ~ 200 倍液喷洒树体，连续 3 次，控制营养生长，促进形成花芽。9 月，每个棚施入 4000 ~ 5000 kg 腐熟的有机肥，均匀撒施在棚内，用 4 齿叉子翻地，然后浇透水，9 月底进入休眠。

3. 灌溉与排水

设施桃一般在果实迅速生长始期追肥后、秋施基肥后和土壤上冻前浇水 3 次，其他时间可根据树体生长反应决定是否需要灌水。

4. 杂草管理

设施栽培栽植密度大、主干低，一般雨季采用清耕法管理，扣棚后至揭棚前结合提高土壤温度的要求，采用地膜覆盖的方法管理。

（二）整形修剪

整形修剪是设施桃树栽培的关键技术之一。整形修剪的主要目的：一是建造并维持一定的群体与树体结构，始终将树高与冠幅控制在一定的范围之内，以保证其群体及个体通风透光良好，充分合理地利用光能，为创造高额的生物学产量奠定基础；二是要调节新梢生长与枝类构成，尽快形成并长期保持树冠内具有大量的、较为理想的结果枝，从而为早丰产、优质、高产、稳产奠定基础。

1. 树体结构及树形的选择

（1）树冠高度

设施栽培桃树要特别注意控制树冠高度，使冠层顶部与棚室最高处保持 0.5 ~ 1.5 m 的距离，以利于棚室内空气流通。

（2）主干高度

主干高低直接影响果树的空间利用、通透状况与管理作业效率，设施栽培桃树的主干高度以 40 ~ 50cm 为宜。

（3）树形选择

日光温室栽培应选择小冠形，生产中选择树形要灵活掌握，棚室前部采用三主枝无主开心形或二主枝无主开心形，干高一般掌握在 20 ~ 30cm，中后部采用纺锤形。

2. 不同时期的整形修剪

在日光温室的促成栽培中，修剪结果枝应主要采用长放与疏间，辅以短截的方法。对于强壮优质的枝条可进行长放或轻度掐尖，而对于细长及中等偏弱的枝条则需进行中短截，同时要确保剪口下方留有叶芽。

（1）定植当年的修剪与化控

首先进行定干，定干高度从棚前排到后依次为 30、35、40、45、50、55、55、55cm……定植当年 5 月中旬，选直立生长的第 1 芽枝作中心干培养，并立支柱辅助，以防弯曲。当苗木中心干上的新梢长到 30cm 时，摘去 5cm，保留 25cm，以后同样做法持续到 6 月下旬，增加苗木枝量。定植当年的冬剪以轻剪长放为主，主要是对中心干延长枝进行短截，疏除密生枝、病虫枝和直立旺枝。疏除和重截（留基部 2 个芽）无花枝，对果枝长放不剪。从 7 月中旬开始，视生长情况喷 2 ~ 3 次 15% 多效唑可湿性粉剂 200 ~ 300 倍液，以控制营养生长，促进花芽形成。

（2）二年生及以后的修剪与化控

①二年生树要注意继续培养中心干和上层主枝。对中心干延长枝留 40 ~ 50cm，主枝延长枝留 30 ~ 40cm 进行反复摘心，一般一年摘心 2 ~ 3 次，以控制生长，促进成花。

②对于多年生树如果树体生长较大，表现太密的情况下，可采取留一行去一行的办法，变株行距 1 m × 1m 为 1m × 2 m，对保留下来的树修剪略

轻一些，采取中短截，保证下一年树能长满棚，达到正常产量。对于短截后发出来的新梢，仍是按达到 30cm 后进行摘心，增加树体枝量，持续到新梢控长期。

多年生桃一般在果实采收，完成其修剪后，在大部分新梢长到 20cm 时喷 200 ~ 300 倍 15%的多效唑可湿性粉剂，根据树势决定喷药次数，一般喷 2 ~ 3 次。

（3）冬剪

设施桃冬剪相对比较简单，一年生树重点是剪除病虫枝、无花枝，保留 15 ~ 20 个 40cm 以上的结果枝，有结果枝的尽量多留。二年生以后的，保留 25 ~ 40 个结果枝，剪除病虫枝、无花枝和过密枝等。

（4）采后管理技术

棚桃果实采摘后，立即进行重修剪，当年新栽的树除顶端保留 1 ~ 2 个新梢外，其余都保留 3 ~ 5 个芽进行极重短截，同时采果后每株树追施尿素 200 g，促进新梢生长。

（三）休眠与升温

1. 休眠的调节

要想使设施桃树能正常生长结果，在树体生长正常的情况下，必须保证果树有足够的休眠时间才行。一般在秋季夜间温度降至 10℃以下时扣棚，采取夜间打开草帘，白天盖上草帘，增加休眠温度时间，使果树尽早达到需冷量小时数，当年栽植的一般要多延长几天以防休眠时间统计不够，保证当年栽培成功。

冀北地区由于气温较低，一般到 9 月底 10 月初，当外界夜间气温低于 7℃时，采取人工捋叶或自然落叶后就可以盖草帘进行休眠了，休眠期温度控制在 0 ~ 7℃最好，把这个温度范围内的时间累计起来，作为棚内栽培品种需冷量小时数够不够的指标。

2. 升温时间

一般在解除休眠后，开始升温，日光温室栽培中，升温不能过快。第一周温度控制在 5 ~ 20℃，相对湿度控制在 80% ~ 90%；升温头三天，揭一半草帘，控制温度在 16℃以内；第四、第五天控制温度在 18℃以内；第六、第七天揭 2/3 草帘，控制温度在 20℃以内；第二周开始全部揭开草帘，温度控制在 7 ~ 22℃，湿度控制在 70% ~ 80%；第三、第四周温度控制在 7 ~ 25℃，湿度控制在 60% ~ 70%。

棚室开始升温后，每株树施多元复合肥 200 g＋尿素 100 g，然后灌足水，等表土略干后用黑色地膜覆盖，既保湿又提高地温，促进果树根系快速生长。

（四）棚室管理

1. 棚室内环境条件的控制

设施内环境条件包括温度、湿度、光照、CO_2、有害气体等的控制，是桃树设施促早及延迟栽培的重要内容。

（1）空气温度调控

适宜的温度是保证设施桃树正常生长结果的基本条件之一。桃树休眠及不同器官的生长发育对温度要求不同，因此在栽培过程中，要根据物候进程及时调整和控制棚室内的温度，以保证生产活动的正常进行。

在桃树设施促早栽培中，花芽萌动期至坐果期的温度管理至关重要。此期温度过高、过低都会影响授粉受精，降低坐果率，因此，生产中要特别注意防止冻害、低温伤害和高温伤害。此外，还必须特别注意有效温度、夜间温度、土壤温度、昼夜温差等对桃各生育期的影响。

夜间温度对桃树物候进展、坐果、果实发育及果实品质、果实成熟早晚都有重要影响。夜间温度过低或偏低是我国桃树设施生产中普遍存在的重要问题之一。适当增加日光温室墙体、后坡及前屋面保温材料的厚度，采用新型保温材料，提高温室的保温性能，以及配备必要的加温设备是提高棚室夜温的有效途径。

（2）土壤温度调控

在日光温室促早栽培中，揭苫升温开始后要尽快提高并维持较高的土壤温度。提高土壤温度具体做法：一是落叶后及时扣棚盖苫，防止土壤结冻；二是白天将温室内的空气温度控制在最适宜温度的上限，以增加土壤蓄热量；三是揭苫升温后及时铺地膜；四是向棚室内的土壤中施入作物秸秆、杂草或牛马粪等有机物，通过有机物发酵时放出的热量来提高土壤温度。

总之，棚室内温度的调节与控制主要是通过保温、加温、通风等方式进行。

（3）湿度调控

湿度过大会造成生长发育不良，增加病虫害的发生，所以当湿度过大时，可采用放风、撒生石灰等措施降低棚室的湿度。同时采用铺地膜、滴灌、膜下暗灌等方法，降低棚室内湿度。

（4）光照调节

良好的光照条件是桃树设施生产正常进行的基本要素之一。桃树设施栽培，特别是日光温室促早栽培，其主要生产过程在光照强度低、光照时间短的冬季和早春进行，因此，加强光环境条件的管理就显得尤为重要。

改善棚室内光照条件的措施主要有：

①优化棚室结构

在充分考虑桃生长发育特点的基础上尽量减小棚室对太阳光的反射作用，尽量降低温室高度，增加下部光照；减弱支柱、立架、墙体、附属物等遮光影响；选用透光率高耐老化的无滴透明覆盖材料。

②要尽量延长光照时间

在棚室温度允许条件下，适当的早揭苫晚放苫。阴天时只要天气状况不太恶劣都要坚持揭苫，以便利用散射光。有条件的可以采用人工补光的办法延长光照时间，如盖苫后每天人工补光 1 ~ 2 h，可起到良好的作用。

③挂反光幕布

在中柱南侧，后墙和山墙上挂宽 2 m 的反光幕，可增加室内光照 25% 左右，能显著提高桃的产量和质量。

④地面铺反光膜

桃成熟前 30 ~ 40 d，在树下铺聚酯镀铝膜，将光线反射到树冠下部和内膛的叶片和果实上，以提高下层叶片的光合能力，从而促进果个增大和着色，既提高产量又改善品质。

⑤清洁棚膜

及时清除透明覆盖材料上的尘土和其他杂物，以保持其较高的透光率。

（5）CO_2 调节

设施桃栽培是在一个封闭程度较高的环境中进行的，晴天时，日出后不久，温室内的 CO_2 浓度便迅速降低，如不及时补充，则会严重影响作物的光合速度和产量。因此，CO_2 施肥是日光温室栽培的一项重要措施，以往的栽培实践表明，CO_2 施肥一般可增产 20% ~ 30%，最高可达 50%。温室内白天 CO_2 的适宜浓度因天气状况而异，晴天为 1000 ~ 1500mg/kg，阴天为 500 ~ 1000 mg/kg，雨天不施。

生产上补充 CO_2 方法很多：①增施有机物，可于落叶前后增施牛马粪或作物秸秆、枝叶、杂草等有机物；②通风换气，在保证室内温度的前提下，打开通风口，通风换气，通过棚室内外空气的交流，补充室内 CO_2；③使用 CO_2 发生器，利用碳酸氢铵与工业硫酸反应释放二氧化碳；④施用二氧化碳颗粒肥料。需要注意的是，临时采用增施 CO_2 一般在晴天进行，多云天气要少施，在阴天一般不施 CO_2。

2. 撤草苫和揭膜

桃果实采收后或室外夜间温度稳定在10℃以上后撤除草苫并晒干保存。当外界日平均气温达到 15 ~ 20℃时，便可揭掉薄膜，并卷好存放在通风干燥的地方。揭膜后，如遇干燥强光天气，可适当加盖遮阳网。

（五）花果管理

设施栽培特别是日光温室促早栽培的普通桃及蟠桃品种，往往落花落果严重，有效提高坐果率是桃树日光温室促早栽培的关键环节，必须给予高度重视。要提高日光温室促早栽培桃的坐果率，需做好以下几点。

1. 花期温湿度调控

一般设施桃棚升温第 5 ~ 7 周即进入花期，棚桃进入花期温度就要控制在 10 ~ 22℃，湿度控制在 50% ~ 60%，有利于花粉生长和授粉受精，促进坐果。进入幼果期温度控制在 10 ~ 25℃，湿度 60% ~ 70%。进入硬核期之后温度控制在 15 ~ 28℃，相对湿度控制在 50% ~ 60%。

2. 花期喷硼及授粉

为了促进棚桃坐果，盛花期使用 500 倍硼砂＋ 300 倍尿素进行喷施，同时要进行人工授粉或放蜂授粉。人工授粉采用毛笔或过滤嘴点授，每天在上午 8 点到下午 4 点之间进行，放蜂授粉比较好，在开花前两天把蜂箱放入棚内，让蜜蜂自行授粉即可，一般每亩棚放入两箱蜂为宜。

3. 疏花疏果

花芽膨大期，结合花前复剪疏花蕾，初花期开始疏除弱花、晚开花和畸形花。果实坐住之后，要进行疏果，一般分两次进行，果实豆粒大小时进行第一次，第二次于生理落果后进行定果，二次疏果不能太晚，否则影响产量和果实品质。最终一般大型果长果枝留 3 ~ 4 个果，中果枝留 2 ~ 3 个，短果枝留 1 ~ 2 个；中型果长果枝留 4 ~ 6 个，中果枝留 3 ~ 4 个，短果枝留 2 ~ 3 个；小型果长果枝留 5 ~ 8 个，中果枝留 4 ~ 5 个，短果枝留 2 ~ 4 个。

4. 果实套袋

油桃类可不用套袋，毛桃类一般需进行套袋，否则果实着色太重，影响品质。于采前 1 周左右除袋，果面颜色鲜红，商品品质最好。

5. 促进果实着色和成熟

（1）改善光照、保持昼夜温差、促进着色

主要是着色期增加前屋面透光膜清洁次数，保证前屋面透光良好。果实着色期保持 15 ~ 18℃的昼夜温差，有利于促进着色及成熟。

（2）果实着色期

进行疏梢摘叶处理在桃果实大小达到标准果个的着色初期，对影响果实受光的新梢和叶片进行摘除。由于果实生长发育受极性影响，树冠上部和外围果生长速度快，因此疏梢、摘叶处理自上而下逐渐进行。

（3）果实第二次膨大期

追施钾肥。

6. 果实采收

进入采摘期，温度不能过高，应控制在 20℃左右，否则桃易变软，影响商品质量。棚桃的采摘要根据果实成熟度，成熟一批采摘一批，进行分批上市。

（六）病虫害防治

冀北地区设施桃栽培中病虫害发生比较轻，重点是在夏季注意观察防治蚜虫、红蜘蛛、潜叶蛾三种虫害，萌芽后重点防治蚜虫和红蜘蛛两种虫害，使用相应药剂防治即可，病害发生较少，基本稍加预防即可，做到早发现早治疗，防治效果最好。

1. 主要虫害及防治

（1）蚜虫

①危害特点

保护地桃萌动到开花期，以若虫危害嫩芽、花蕾、子房等。新梢展叶后，群集于叶片背面危害，常造成叶片失绿、滞育、卷曲等。

②防治方法

芽萌动期均匀喷5%芽虱净3000倍液即可预防。

（2）螨类

①危害特点

危害叶片，造成叶片失绿、干枯。

②防治方法

叶芽萌动时喷3～5波美度石硫合剂；落花后喷200螨死净1500倍液，或在发生期喷15%扫螨净乳油3000～5000倍液；生物防治。

（3）桃潜叶蛾类

①危害特点

主要有桃潜叶蛾、桃冠潜蛾。危害特点是幼虫潜入叶肉组织内串食，被害部分表皮变白，严重时整个叶片都被潜食，引起落叶。对花芽的形成、产量和树体生长发育影响极大。

②防治方法

1）加强桃园管理：秋季落叶后，彻底清除落叶，集中烧毁，消灭越冬蛹和幼虫。

2）喷洒农药：成虫发生期和幼虫孵化时，喷洒灭幼脲3号或杀铃脲或20%灭扫利乳油2000倍液，10%氯氰菊酯乳油1500～2000倍液。

2. 主要病害及防治

（1）桃炭疽病

①症状

主要危害果实、新梢。幼果期发病，受害部变成暗褐色。果肉萎缩并硬化。果实成熟期染病，初期为淡褐色水渍状斑，逐渐扩大成红褐色圆斑，病斑凹陷，上生粉红色小点的分生孢子盘，排成轮状。病斑下果肉变褐腐烂，果实脱落或悬在树上。新梢受害，初期出现水渍状长椭圆形病斑，后变褐色，边缘红褐色，表面生粉红色孢子团，严重时枝条枯死。

②防治方法

从桃树萌芽到发病期剪除病枝，并于落叶前将呈现卷叶症状的病枝剪掉，集中烧毁，以减少病原。

在萌芽前喷 3 ~ 5 波美度石硫合剂，可铲除病原。发病重的地区，在桃树开花前、落叶后和幼果期各喷一次 50%多菌灵 800 ~ 1000 倍液，或 70%甲基托布津 1000 倍液。

（2）桃树细菌性穿孔病

①症状

主要危害叶片、果实和枝条。叶片病斑初期为水渍状圆斑，扩大后成多角形，红褐色或褐色，病斑周围有淡黄色晕环。果实受害产生暗紫色圆斑，稍凹陷，边缘水渍状晕环，遇水病斑出现黏液，有大量细菌。枝条上病斑色暗，春季发展成溃疡枝梢枯死。发生在当年生嫩枝上，形成圆形或椭圆形水渍状暗紫色斑点，后变褐色和紫褐色，稍凹陷，严重时枝条枯死。

②防治方法

1）清洁果园，及时清除病枝、病叶和杂草；

2）做好桃园排水，降低园内湿度；

3）发芽前喷 3 ~ 5 波美度石硫合剂，展叶后可喷硫酸锌石灰液（硫酸锌 0.5kg、消石灰 2kg、水 120kg 或硫酸锌 0.5kg、消石灰 0.5kg、水 50kg 成比例配制）。也可在生长期喷代森锌 500 倍液，或落花后 15 d 到 8 月间每隔 15d 喷 1 次 0.3 ~ 0.4 波美度石硫合剂，抑或 65%代森锌可湿性粉剂 500 倍液，均有良好效果。

（3）桃腐烂病

①症状

主要危害桃树主干、主枝，其症状不易被发现。初发病时树皮呈淡褐色，外部出现豆状胶点，皮部成椭圆形凹陷，皮层松软腐烂，有酒糟味，逐渐发展到木质部。树体受冻易染此病。

②防治方法

1）清除病原菌，清洁田园，把修剪的病枝及时烧掉；

2）春秋两季喷布 0.3 ~ 0.5 波美度石硫合剂，以减少发病。

第二节 设施葡萄栽培技术

葡萄是世界四大水果之一，栽培面积遍布世界五大洲。葡萄适应性强，易结果，栽培方式和经济利用多样化。葡萄果实风味独特，营养丰富，成熟的浆果中含有15%～25%葡萄糖、果糖和许多对人体有益的矿物质和维生素，其果皮中还含有抗癌活性物质——白黎芦醇，深受城乡人民的喜爱。除常规的露天栽培外，利用园艺设施进行定向栽培，已成为葡萄生产的一个重要分支。

葡萄设施栽培中选择品种时应遵循如下原则。

以促成早熟为目的的设施栽培，应选择极早熟、早熟和中早熟品种，以利于提早上市；延迟栽培在晚秋、冬初成熟上市的品种，则应选择晚熟品种或容易多次结果的品种；避雨栽培，在品种选择上，主要是穗大粒大、色泽艳丽、味浓芳香、酸甜适口的中早熟鲜食品种。

促成早熟栽培应选择自然休眠期短、需冷量低，易人工打破休眠的品种，以便早期或超早期保护栽培。

延迟栽培应选择需冷量和需热量高、果实发育期长或容易多次结果的晚熟、极晚熟品种，以用于延迟栽培。

避雨栽培应选择需冷量低且耐高温、高湿的品种。选择花芽易形成、花芽着生节位低、坐果率高，较易丰产的品种。

设施生产的浆果基本上以鲜食为主。应选择粒大、穗紧、色泽鲜艳、酸甜适口的品质优佳品种，并要求一定的耐储运性。选择生长势中庸的品种或利用矮化砧木，以易于调控，适于密植。选择对直射光依赖性不强、散射光着色良好的品种，以克服设施内直射光不足、不利于葡萄果粒着色的弱光条件。设施品种应适应性强，尤其是对温度、湿度等环境条件适应范围较宽，且抗病性较强。

同一棚室在定植品种时，应选择同一品种或成熟期基本一致的同一品种群中的品种，以便统一管理。而不同棚室在选择品种时，可适当搭配，做到早、中、晚熟配套，花色齐全。

在充分考虑区域环境、适地适树的基础上，兼顾设施生产的社会条件与生态条件，进行科学规划、规范建园。其主要环节如下。

一、园地选择与改良

（一）园地选择

葡萄抗逆性强，适应性广，对大多数土壤条件没有严格要求。但设施栽培最好选择土壤质地良好、土层厚、便于排灌的地片建园并构建设施。

单棚建园，平原地应设址于村落南边或周围有防护林带；山丘地应在背风的阳坡建棚，并可直接借助梯田的后坡作棚体后墙，简便易行。多棚连片建园，应细致规划，前后棚之间应留 5 m 左右的间隔，以便留作业通道和避免相互遮阳。无论单棚或多棚连片，建园时都应避免周围有高大的建筑物或其他附属物遮阳挡光。

（二）土壤改良

葡萄设施建园，应加大建园前土壤改良的一次性投入，土壤改良的中心环节是提高有机质含量，增加有机肥的使用数量。有机质含量高的疏松土壤，不仅有利于根系生长，尤其是增加吸收根的发生数量，而且能蓄积更多的地面辐射热能，使地温回升快，持续时间长，对果树的生长发育产生诸多有利影响。

一般定植前，每亩折合施入充分腐熟的有机肥 3500 ~ 6000 kg。

二、架式与栽植密度

（一）架式

设施栽培中，栽植密度远远大于露地，因此，常用架式为篱架。篱架的架面与地面垂直，沿着行向每隔一定距离设立支柱，支柱上拉铁丝，形状类似篱笆，故称“篱架”。其主要有两种类型，即单壁篱架和双壁篱架。

1. 单壁篱架

单壁篱架的高度一般为 1 ~ 2 m。顺葡萄行正中，每隔 6 ~ 8 m 立一支柱，每个支柱上拉铁丝 3 ~ 5 道。第一道铁丝距地面 50cm，以上每道铁丝间距 40 ~ 50cm。

2. 双壁篱架

有两种方式：一种是沿葡萄行两侧各设一排支柱，另一种是顺葡萄行设一排支柱，支柱上依铁丝距离的要求设横杆，横杆两端上架设铁丝。

（二）栽植密度

栽植密度依品种特性、立地条件、效益目标及管理技术而定。

目前，普遍采用的密度是按株行距（0.5 ~ 1.0）m×（1.5 ~ 2.0）m，每 667m^2 栽植 350 ~ 900 株；也可按双行带状栽植，双篱壁整枝，则株行距 0.5 m×（1.5 ~ 2.0）m。

设施内葡萄篱架栽培和塑料大棚内葡萄棚架栽培行向以南北行向为宜，因为南北行向比东西行向受光较为均匀。

三、栽植时期和方法

（一）栽植时期

在冬季严寒的地区适于春栽，入冬前出圃的苗子，要在湿沙中假植过冬。假植时应注意防干旱、防冻、防涝、防过湿。

春栽可在土温达到 7 ~ 10℃时进行，最迟不晚于植株萌芽前。

秋栽应尽可能早地在落叶后进行，有的地方还提倡在落叶前带叶栽植，但最晚必须在土壤冻结前完成。

（二）栽植方法

1. 选用壮苗

对葡萄苗木，壮苗的标准是根系分布均匀、枝蔓粗壮、饱满芽体，无严重的机械损伤及病虫危害症状。至少应有长度在 15cm 左右、直径 0.3cm 以上的骨干根 4 ~ 5 条以上，并且根剪口断面为新鲜白色。

2. 挖定植沟

在栽植前，按适宜行向和株行距进行挖沟或穴。挖 80cm 宽、深的定植沟，可每亩施入 3000 ~ 6000 kg 充分腐熟的有机肥、100 kg 过磷酸钙，与表层土和中层土充分混匀后回填，并浇水沉实。回填时注意不要打破原有的土壤层次。

3. 小穴栽植

对已经回填并浇水沉实的栽植沟，挖 30cm × 30cm × 30cm 的小穴进行栽植。定植前，苗木用清水浸泡一昼夜或浸泡泥浆；对根系尤其是主根适当短截，断根剪出平齐的新茬，然后放入穴中，使根系在穴中向四周充分伸展，回填细土，填至一半时，使根土密接，再填土至与地面平。深度以苗木原土印的痕迹与地面平齐为准，并用脚踏实后浇透水。定植后留 3 ~ 4 个饱满芽，进行定干。

早春栽植后要立即覆盖地膜，以提高成活率。地膜每株用 1 m^2 或全行覆盖，压实四周。6 月气温升高后可及时除去。

四、设施葡萄育壮促花技术

（一）浇水施肥

苗木定植后可于5月底浇一次水，其他时间可根据天气降雨和土壤墒情酌情浇水，整个生长季一般可浇水3 ~ 4次。6月、7月各追肥一次，每次每株追尿素25 ~ 50 g，以促苗木生长，前期可追少些，后期多些，施肥后立即浇水。进入8月，可酌情施磷、钾肥。9月，及早进行秋施基肥，每亩施有机肥4000 kg左右。整个生长季，为促苗木生长与花芽分化，可连续多次根外追肥，每隔10 ~ 15 d一次，间隔氮肥（尿素）与磷钾肥（磷酸二氢钾）施用，浓度为0.3% ~ 0.5%。

（二）病虫害的防治

萌芽期应防治金龟子、象鼻虫等以免啃食芽子、嫩叶。6 ~ 7月，可喷布40%多菌灵800倍液（其中加杀虫剂）；7月后，可喷布200倍的半量式波尔多液，预防霜霉病、黑痘病、白腐病等。幼苗期要防治霜霉病，如防治不当，会造成毁灭性伤害。防治方法是结合波尔多液，间隔喷布40%乙磷铝200 ~ 300倍液。

（三）及时摘心

在正常条件下，当新梢长至30cm时就可及早摘心，促使基部副梢萌发，以利于副梢整形，并培养副梢为结果母蔓。当副梢萌发后，应根据副梢生长强弱选留2 ~ 4个，多余的及时疏除或摘心。当副梢长至0.6 ~ 1.0 m时再摘心，其上的二次副梢留1 ~ 2片叶摘心，或尽量不让二次副梢发出，及时疏去夏芽。

（四）立架绑蔓

及时设立支架，拉上铁丝，引缚枝蔓使其直立或斜上生长，这样的新梢生长饱满充实，不要任其在地面上匍匐生长。要使苗木在第二年结果或多结果，必须在当年培养壮苗。

（五）合理冬剪

葡萄植株落叶后及时进行冬剪。生长衰弱，枝蔓少或纤细的植株，在近地表处进行3 ~ 5个芽的短梢修剪；生长中庸的健壮枝蔓，可留50cm左右剪留至壮芽，将其水平绑缚在第一道铁丝的两侧。强旺枝蔓进行长枝修剪，以占领空间。结果母蔓上尽量留饱满的壮实冬芽，为扣棚后丰产奠定基础。

五、设施葡萄的病虫害防治

（一）主要病害

1. 霜霉病

该病在我国各葡萄产区均有发生，是葡萄的主要病害之一。霜霉病主要危害叶片，严重时也危害新梢、花蕊和幼果。低温、潮湿易引起病害发生。

防治措施：

（1）清除病害传染源

晚秋清扫落叶，剪除病梢，集中烧毁或深埋，减少越冬病源。

（2）加强栽培管理

及时中耕除草，排除果园积水，降低土壤湿度，合理修剪，及时整枝，使架面通风透光。增施磷、钾肥及有机肥，酸性土壤多施石灰，提高植株抗病能力。

（3）药剂防治

发病前喷布 1 ∶ 0.7 ∶ 200 的波尔多液或 35% 的碱式硫酸铜悬浮剂 400 倍液，每隔 10 ~ 15 d 喷布一次，连续喷药 2 ~ 3 次，控制病害发生。发病初期，应喷布具有内吸治疗作用的杀菌剂，如 40% 疫霜灵可湿性粉剂 200 ~ 300 倍液，或 58% 代森锰锌可湿性粉剂 400 ~ 600 倍液、64% 乐毒矾锰锌 400 ~ 500 倍液或疫霜灵与茵丹可湿性粉剂 500 ~ 800 倍液混用。根据天气和发病情况，一般喷 2 ~ 3 次，每次间隔 10 d 左右。

2. 白腐病

葡萄白腐病又称“腐烂病”，其病原菌是白腐盾壳霉菌，是葡萄的重要病害之一，在葡萄产区普遍发生，一般年份发病率为 10% ~ 20%，在多雨年份发生率可高达 40% 以上，产量损失极大。该病害主要危害果穗，也可危害叶片及新梢。

防治措施：

（1）清除病源

生长季节随时剪除病蔓、病果和病叶，集中深埋或烧掉。秋末至早春，彻底刮除病皮，摘除病僵果，清扫果园，将病残体带出园外集中烧毁。

（2）加强栽培管理

及时摘心、绑蔓，使架面通风透光，同时，搞好中耕除草、果园排水，降低湿度。合理修剪，防止结果过量。提高结果部位，避免造成伤口，减少病菌侵染。避免偏施氮肥，增施磷、钾肥，提高植株抗病性。

（3）药剂防治

地面施药，铲除越冬病菌。发病严重的果园，在发病前用福美双1份、硫黄粉1份、碳酸钙2份混合均匀后，于园内地面上每公顷撒药15～30kg。也可向地面喷布灭菌丹200倍液，或2波美度石硫合剂加0.5%无氯粉钠混合液，或单喷0.5%无氯粉钠。

生长期喷药保护：发病初期每月喷一次50%福美双可湿性粉剂500～700倍液或12.5%速保得可湿性粉剂1000倍液或福美双与70%代森锰锌400倍液，或65%代森锰锌可湿性粉剂1000倍液的混合液或70%甲基托布津，或多菌灵可湿性粉剂1000倍液，药剂可选用任意一种或交替使用，共喷3～5次。

3. 灰霉病

该病的病原菌是灰葡萄孢菌，是设施葡萄生产的重要病害之一。葡萄灰霉病主要危害葡萄的花穗和果实，有时也危害叶片和新梢。花穗发病多在开花前。设施葡萄由于通风不良、湿度过大，易发病。

防治措施：

（1）清除菌源

彻底清除落叶、残枝、病果及其他病残体集中深埋或烧毁。葡萄生长季节如发现病叶、病花穗等应及时摘除深埋。

（2）加强管理

及时摘除副梢、卷须、不必要的花穗以及过密的叶片，改善通风透光条件，加强设施温湿度环境管理。在夏剪时，应注意避免造成过多的伤口。对于易裂果的品种应套袋，避免偏施氮肥，多施磷肥、钾肥。

（3）药剂防治

发病初期可喷洒50%多菌灵可湿性粉剂2000倍液。开花后用50%托布津可湿性粉剂500倍液，或70%代森锰锌混合剂1000～1500倍液喷雾。

（4）储藏期果实处理

果实采收后应在晴天进行，在运输、储藏过程中应注意降温和通风。储藏前可用50%扑海因1000倍液处理果实。

（二）主要虫害

1. 虎蛾

该虫害属鳞翅目虎蛾科。幼虫咬食嫩芽和叶片，常有群集暴食现象，严重时叶片被食光，也能咬断幼穗的小穗轴和果梗，影响葡萄的生长发育，导致产量降低。

防治方法：早春结合葡萄出土上架、整地，在葡萄根部附近及架下挖除越冬蛹；结合葡萄整枝，利用葡萄虎蛾幼虫白天静伏在叶背面的习性，进行人工捕杀；药剂防治可于幼虫初发期喷布 50%敌百虫 800 ~ 1000 倍液或 20%杀灭菊酯 5000 倍液等。

2. 二星叶蝉

二星叶蝉属同翅目叶蝉科，又称“葡萄小叶蝉”。成虫、若虫均在叶背吸食葡萄汁液，被害叶先出现小白点，严重时斑点连片成白斑，全叶失绿或焦枯，引起早期落叶。影响枝条的成熟和花芽分化，虫粪污染果实。一般通风不良、杂草丛生的葡萄园发生较多。

防治方法：彻底清扫葡萄落叶、杂草，集中烧毁，减少越冬虫源；生长季节注意及时抹芽、摘副梢、整枝、铲除杂草，改善通风条件；化学防治可喷布 40%乐果 1500 倍液，或 20%杀灭菊酯 5000 倍液等常规杀虫剂。

第三节 设施草莓栽培技术

草莓属于蔷薇科草莓属。草莓果实柔软多汁、芳香浓郁、酸甜可口，深受广大消费者喜爱，是一种经济价值较高的小浆果。草莓果实除鲜食外，还可制成草莓酱、草莓酒、速冻食品等。

草莓是适合设施栽培的树种之一，也是目前我国设施栽培面积最大、栽培技术体系最完善的树种。目前设施栽培主要以日光温室促成栽培、早春大中拱棚半促成栽培为主。设施栽培，使得果品淡季上市、反季节销售，具有较高的经济效益和社会效益。草莓是唯一通过设施栽培而实现鲜令果实周年供应的果树，不仅间疏了果实上市时间，避免了集中上市销售导致的市场拥窄和价格低下，而且满足了人们生活水平日益提高对时令果品的高位需求。设施生产的草莓由于大多在淡季供应市场，尤其在元旦和春节前后上市，价格好，效益高。

一、品种选择

草莓品种很多，品种之间在休眠期长短、抗性、产量品质方面存在较大的差异。在设施栽培中，由于所采用的栽培方式不同，对品种的要求也不同。设施栽培中，品种的选择相当重要。在品种选择上，应考虑以下几点：

（一）栽培形式

根据不同的栽培形式，对栽培的草莓品种加以选择。在设施栽培中，采用早熟促成栽培时，应选择低温需求量少、休眠浅、光补偿点低的品种；半促成栽培一般选择低温需求量稍大、休眠较深的品种；超促成或抑制栽培，目的是10月草莓上市，宜选择抗热优良品种。

（二）地区适应性

不同品种对立地条件、气候条件的适应能力不同。在北方应选择休眠期长的耐寒品种。

（三）栽培目的

品种选择均以优质、丰产为重要指标。但设施草莓生产以鲜食为主时，应着重考虑果实的风味、果形；以加工为主时，要考虑色泽、酸度、糖度等问题。设施草莓就近生产、就近销售时，应把品质放在第一位；以远途销售时，应综合考虑，尽量选择硬度大、耐储运、风味好的品种。

（四）植株抗逆性

设施生产用草莓品种要求抗性强，尤其耐低温、耐弱光、耐高湿，抗病性强。

（五）品种搭配

草莓虽然自花结实力强，但在生产实际中，搭配1 ~ 2个授粉品种，可提高产量，减少畸形果率。因而在单棚内确定某一个主栽品种后，最好适当配栽少量授粉品种。栽培面积较大时，要适当考虑早、中、晚熟品种的比例，既能分批上市，又可合理地分配人力、物力。

二、设施草莓育苗技术

为了确保栽后成活和高产，秧苗的质量是十分重要的。因此，育苗是草莓生产中不可缺少的一个重要环节。草莓生产上主要以匍匐茎分株繁殖方法培育苗木，匍匐茎形成的秧苗与母株分离后称为“匍匐茎苗”。

（一）苗圃的建立

1. 苗圃地与种苗选择

（1）苗圃地选择

苗圃应选在地势平坦、土质疏松、有机质丰富、地下水位低、排灌方便、光照充足、微酸性或中性的砂壤土地块上。其前茬不能种植过草莓、番茄和马铃薯等，并应距离一般草莓生产园 50 m 以上，以便控制蚜虫传播。

（2）种苗选择

选择品种纯正、健壮、无病虫害的脱毒植株作为繁殖生产用苗的母株。其标准为：展开叶 4 片以上，根茎粗度 1cm 以上，全株鲜重 30 g 以上，中心芽饱满，叶柄粗壮，叶色黄绿，不徒长，具有较多新根，无病虫害和机械损伤。

2. 苗床准备

苗圃选好后，每亩施腐熟有机肥 5000 kg，过磷酸钙 30 kg 或磷酸二铵 25 kg。结合施基肥，深翻土地，使地面平整，土壤熟化。耕耘耙细后做成宽 1.2 ~ 1.5 m 的平畦或高畦，畦埂要直，畦面要平，以便排灌。定植前土壤要适当沉实，以防定植后浇水时幼苗栽植深浅不一或露根。

3. 母株定植

春季日平均气温达到 10℃以上时定植母株。按照株距 50 ~ 80cm，行距 100 ~ 120cm 将母株单行定植在畦中间，植株栽植的合理深度是根茎部与地面平齐，做到深不埋心、浅不露根。

4. 苗期管理

（1）土壤水肥管理

定植后要立即浇水，定植 1 周内，保证充足的水分供应。适时覆盖地膜，以利于提高地温、保持水分并防除杂草。为促使早抽生、多抽生匍匐茎，在匍匐茎开始抽生时可喷施一次赤霉素（GA_3），浓度为 50 mg/L。匍匐茎大量抽生时，结合灌水施一次复合肥，在母株两侧 15 ~ 20cm 处开沟施入。另外，也可以每间隔 7d 在叶面喷施一次 0.5% 尿素。

（2）植株管理

当大部分种苗开始发生匍匐茎后，及时撤出覆盖的地膜并进行引茎和压茎，即把匍匐茎顺直摆正，将其在母株四周均匀摆布，当匍匐茎长至一定长度出现子苗时，在生苗的节位处挖一个小坑，培土压茎，促进子苗生根。压匍匐茎是一项经常性的工作，子苗随时发生应随时压茎，后期发生的匍匐茎生长期短、生长弱，应及时去掉，以便集中养分供应前期子苗的生长。见到花蕾立即去除，去除时间越早越好，以免消耗养分，有利于早生多生匍匐茎。去除花蕾是育苗的关键性措施，不可忽视。

（3）病虫害防治

草莓病毒主要由蚜虫传播，为了防止母株受到蚜虫的侵害，必须防治草莓蚜虫。育苗期高温多雨容易发生炭疽病，应注意预防。

（二）营养钵假植育苗

在6月中旬至7月中下旬，选取2叶1心以上的匍匐茎子苗，栽入直径10cm或12cm的塑料营养钵中。育苗土为无病虫害的肥沃表土，加入一定比例的有机物料，以保持土质疏松。适宜的有机物料主要有草炭、山皮土、炭化稻壳、腐叶、腐熟秸秆等，可因地制宜，取其中之一。另外，育苗土中加入优质腐熟农家肥20 kg/m^3。将栽好苗的营养钵排列在架子上或苗床上，株距15cm。栽植后浇透水，第一周必须遮阳，定时喷水以保持湿润。栽植10 d后叶面喷施1次速效氮肥，之后不再追氮肥，而只追施磷肥、钾肥，每10 d喷施一次。及时摘除抽生的匍匐茎和枯叶、病叶，并进行病虫害综合防治。后期，苗床上的营养钵苗要通过转钵断根。

（三）壮苗标准

选用优质壮苗是获得丰产的基础。草莓壮苗标准是：具有5～6片大叶，根茎粗度1.2cm以上，根系发达，苗重30g以上，顶花芽分化完成，无病虫害。

三、设施草莓栽培管理

（一）栽培方式

1. 促成栽培

促成栽培是指人为创造低温、短日照条件，促使草莓提早进行花芽分化，提前定植，提早上市；或在草莓尚未进入休眠期，低温来临之前开始保温，使其连续开花结果。一般采用人工智能温室、日光温室、保温塑料大棚等设施，进行草莓的促成栽培，果实可在11月上市，收获时间能延长至翌年5～6月，产量高，经济效益好。北方地区使用日光温室栽培。在促成栽培生产实际中，一般采用需冷量低的品种（5℃以下低温积累 50 ~ 150 h）。适宜品种主要有章姬、枥乙女、春旭、丰香、女峰、鬼怒甘、幸香、春香、大将军等。

2. 半促成栽培

半促成栽培是指采用钢架塑料大棚、竹木结构拱棚栽培，草莓果实上市时间较促成栽培晚，一般在春节后上市。草莓在自然条件下进行花芽分化，并满足低温需求，在自然休眠解除后，再提供生长发育需要的环境条件，提前开花结果上市。采用此种栽培形式，一般选用需冷量较少的品种（5℃以下低温积累 200 ~ 750 h）。

如用需冷量低的品种，开始保温时间可早一些；若使用需冷量稍大的品种，则开始保温时间要晚一些。适宜半促成栽培的草莓品种有达赛莱克特、草莓王子、丽红、土特拉、爱桑塔、宝交早生等。

3. 简易设施栽培

简易设施栽培一般指采用小拱棚或地膜覆盖栽培，较露地提早上市，可调节集中上市的矛盾，是上市较晚的栽培形式。简易设施栽培形式可选用需冷量较多的品种（5℃以下低温积累 800 h 以上）。

4. 抑制栽培

在草莓花芽分化后，采用冷藏秧苗的办法，使其停止生长，延长休眠期，使草莓收获期相对延迟的栽培方式。原则上所有草莓品种均可进行抑制栽培，因抑制栽培的时间不同，品种对抑制栽培的适宜程度有差异。

（二）定植

1. 园地选择

园地的选择应为背风向阳、渗透性好、pH 值为 5.5 ~ 6.5 的平坦肥沃土地，有灌水条件或有深井汲水条件。日光温室方位角以面向正南为最佳，偏东西方向角度越小越好。

2. 定植前准备

（1）土壤消毒

采用太阳热能消毒的方式，具体的操作方法是：将土壤深翻，灌透水，土壤表面覆盖地膜或旧棚膜。为了提高消毒效果，建议在覆盖地膜或旧棚膜的同时扣棚膜，密封棚室。土壤太阳热消毒在七、八月进行，时间至少为 40 d。

（2）整地施肥

先将上茬作物根、草根铲除净，然后浅翻 20 ~ 30cm 将地整平。每亩施腐熟农家肥 3000 ~ 5000 kg、磷酸二铵或复合肥 30 ~ 40 kg、钾肥 15 ~ 20 kg。

3. 栽植

（1）栽植密度与方式

采用大垄双行的栽培方式，垄台高 30cm，上宽 50 ~ 60cm，下宽 70 ~ 80cm，垄沟宽 20cm。株距 15 ~ 18cm，小行距 30 ~ 35cm，每亩定植 8000 ~ 10000 株。

（2）栽植时期

在华北地区可分为花芽分化前的 8 月上中旬和花芽分化后的 10 月上旬两个定植时期。冀北承德地区一般是在 8 月至 9 月定植。花芽分化前定植既不能过早，也不能过晚。过早，气温高，苗木成活率低，苗长得弱；过晚，则到花芽分化期生长时间短，秧苗不壮，花芽分化会受到影响。

（3）栽植方法

栽苗时，将苗的弓背向沟道一侧，使花序着生在同一方向，栽植数量为 1 穴 1 株，栽植深度以“上不埋心，下不露根”为宜。栽后要使土壤保持湿润状态，山地砂质壤土可灌一次透水（返青期），但在上棚膜前 10 d 或排水较差的土壤（包括平地），一定不能漫灌。苗返青后，要及时锄草松土，并喷布多菌灵 500 ~ 600 倍液，或甲基托布津 800 ~ 1000 倍液，喷布要均匀周到，上棚升温前要喷药 2 ~ 3 次。

（三）定植后管理

1. 定植后至扣棚前的植株管理

定植后至扣棚升温前，植株将会继续完成顶芽分化，并开始第一腋花芽分化。因此，应控制植株旺盛生长，以植株横向加粗生长为主。控制旺长，一是要控制肥水，少施或不施氮肥，浇水只要保持地表湿润即可；二是温度过高时，用遮阳网或草帘遮阳，即可降低温度，又能缩短日照时间，可促进植株花芽分化。

2. 扣棚时间的确定

在草莓第一腋花芽分化以后，而且外界最低气温已降到 5 ~ 7℃时，是草莓促成栽培扣棚保温的最佳时期。承德地区在10月中旬，当扣棚后温室内夜间气温再次降到5 ~ 7℃时，就要开始在夜间覆盖草帘保温。

3. 扣棚后至开花前的植株管理

（1）覆盖地膜

扣棚后应及时覆盖地膜，一般要求在扣棚10 d后至顶花序现蕾前完成。在覆膜前，先要清除老叶和病叶，然后埋设并调试好滴灌设施。

（2）赤霉素处理

赤霉素有促进草莓生长、打破休眠和促进成熟的作用。喷赤霉素时间可在保温后至花蕾出现30%之前喷2次：第一次用1 g赤霉素加水90 kg；间隔10d后进行第二次喷施，1g赤霉素加水180 kg。喷施时重点喷心叶，喷雾要细匀，喷施后把室温略为提高，促使顶花芽提前开花。喷施赤霉素时一定要掌握准时间，喷施过早，会把腋花芽变成匍匐茎；喷施过晚，起不到促进开花作用，只能促进叶柄生长。尤其注意不能超量喷施。

4. 温室内环境调控

（1）棚室温度管理

北方日光温室覆盖棚膜是在外界最低气温降到8 ~ 10℃的时候。日光温室草莓从萌芽开始至第一茬果上市，生长期需要75 ~ 80 d，营养生长期适温为30℃左右，开花期22 ~ 25℃，采果期20 ~ 25℃，各阶段夜间温度不能低于6℃。

（2）棚室湿度管理

整个生长期都要尽可能降低棚室内的湿度。生长期空气湿度过大容易感染病害；开花结果期湿度过大，影响受精，容易产生畸形果和发生病虫害。要求盛花期一般不宜浇水。若花期湿度过大，中午要及时换气排湿。空气相对湿度应保持在50%左右。果实膨大期和成熟期空气湿度应保持在60% ~ 70%。

（3）光照调节

草莓虽然喜光，但属于短日照植物，草莓在苗期和结果期对光照没有严格要求。从光合作用角度讲，日照时间越长越好。但草莓在花芽分化期间对日照长度有严格要求，这个时期日照在12 h以下、8 h以上最好。温室草莓覆膜后花芽分化基本结束，初冬季节光照不足，可采用电照补光措施，在前坡后 1/3 处每 2m 垂一个 60 kWh 白炽灯，距地面 1.5 m，盖帘后照至 22 时即可。

5. 水肥管理

（1）水分管理

地膜覆盖前充分灌足水，在生长和结果前期一般很少灌水。

此期若浇水过多，则会因为空气湿度大而引发病虫害，尤其是花期湿度过大，还会影响授粉受精，并产生畸形果。开花坐果后，果实迅速膨大，需水量增多，可适当加大灌水量，一般可 10 d 左右浇一次透水。温室内浇水时，不能采取大水漫灌，而要采取膜下灌溉或膜下滴灌的方式，做到“湿而不涝，干而不旱”。判定植株是否缺水，应以叶片的“吐水”现象为标准。若早晨草莓叶缘锯齿上有一圈水滴泌溢出来，则表示植株不缺水；否则，需要补充水分。

（2）施肥管理

草莓从移栽进温室到开始结果，生长期很短，需要养分很多，基肥以腐熟的有机肥为主，配施氮、磷、钾复合肥；除施足底肥外，还要通过地下追肥和叶面施肥予以补充。

①基肥

一般每亩施农家肥 3000 kg 及氮、磷、钾复合肥 50 kg 作为基肥，基肥占总施肥量的 75% ~ 80%。

②追肥

日光温室草莓生长发育几个关键时期的追肥：第一次顶花序现蕾期，覆盖地膜后及时进行叶面喷肥，促进植株健壮生长和顶花序提早现蕾。此期若植株长势较弱，可喷施尿素 200 ~ 300 倍液；若植株生长较旺，可喷施磷酸二氢钾 300 倍液。此期还可喷施硼酸 300 倍液，用以提高坐果率及大果率。第二次顶花序转白膨大期，以氮、磷、钾肥料混合施用，此期应加大追肥量，一般半月追施 1 次，每亩追施磷酸二铵 10 kg 混加硫酸钾 7 kg，也可追施草莓复合肥。第三次顶花序果采收至腋花序果实发育期，以磷、钾肥为主。一般 15 ~ 20 d 追肥一次，追肥与灌水结合进行。肥料中氮、磷、钾配合，液肥浓度以 0.2% ~ 0.4% 为宜。

③微量元素

适时叶面喷施硼、钙等微量元素，提高果实的韧性及硬度，增强果实的耐储运能力及外观品质。

6. 花期至成熟期的管理

花期不宜喷施叶面肥和农药，若发现病虫害，可使用烟雾剂进行熏蒸治疗。

（1）花果管理

①授粉

草莓属于自花授粉，如能人工补充授粉，果个增大，畸形果减少，可进一步提高产量。补充授粉方式有 3 种：1）品种搭配授粉，一个温室可栽 2 ～ 3 个品种，互相授粉；2）人工辅助授粉，在开花旺季，可利用放风、人工点授、用扇等借助外力授粉；3）养蜜蜂授粉，每亩地可养 1 箱蜂，利用蜜蜂授粉时，打药时将蜂箱搬出来，以防药害，并在放风口加遮纱网，防止蜜蜂飞走。

②疏花疏果

疏花时先疏掉高级次的小花和弱花，然后在疏果时再疏掉小果、病果、畸形果，一般每个花序可保留 6 ～ 12 个果。

③果下垫草

果实膨大后逐渐下垂在地面上，容易造成果面不卫生或地下害虫咬果与烂果。在草莓结果期将梳理好的稻草或者芦苇、山草等 4 ～ 5 棵平铺在花下，用来托果。

（2）植株管理

一是摘除匍匐茎和老叶，每天要巡视检查，发现长出的匍匐茎和衰老叶、病害叶要随时摘除，功能叶每株留 10 ～ 12 个，防止消耗养分，也有利于通风透光。二是掰芽，在顶花序抽出后，选留两个方位好而壮的腋芽保留，其余掰掉。三是去花茎，采果后的花序要及时去掉。

（四）设施草莓的病虫害防治

1. 主要病害及防治

（1）草莓病毒病

①症状

通常表现为隐症或症状不明显，致使长势衰弱，新叶展开不充分，叶片小而无光泽、黄化、群体矮化，产量下降，品质变劣，畸形果增多。草莓病毒病主要通过蚜虫等刺吸式口器的昆虫、线虫等介体传播侵染。

②防治方法

实行倒茬轮作；消除病源，铲除并销毁老病苗；利用脱毒组培技术繁殖无病毒种苗；建立无病毒种苗制度，应用脱毒组培苗；及时有效防治蚜虫、线虫等；化学方法或高温方法进行土壤消毒。

（2）草莓灰霉病

①症状

叶片受侵染以后，开始发现不明显的褐色水渍状斑点，在潮湿的条件下，长出一层灰色的孢子。叶柄、果柄受侵染后变褐，常环绕叶柄果柄，使侵染部分萎蔫、干枯；表现在果实上初期病斑呈淡褐色油渍状小斑点，以后急剧扩大到整个果实，使之软化并在表面产生棉絮状菌丝，菌丝顶端长出灰色粉状霉——分生孢子。不熟果发病后果实常由干僵变成干腐，花瓣受害后变成黄褐色。果成熟期是病害盛发期，高湿是其发病的重要条件，连阴雨天促成病害的流行。

②防治方法

合理密植一般每亩栽植 8000 ~ 10000 株；早春及时清除枯病老残叶，减少越冬病原菌；蕾期前用 50％的速克灵 800 倍液，50％扑海因 500 ~ 700 倍液，50％多菌灵 500 倍液喷雾，均有较好的防治效果；果实膨大期可在果下垫少量秸秆，降低浆果表面湿度，已感病浆果应单独收集带出棚外深埋。

（3）白粉病

白粉病为草莓最常见的病害之一，设施内发生尤其严重。草莓的地上部分都能感染此病，但多发生在老叶、果实和果柄上。

①症状

受感染的叶上形成薄薄的白细茸，成熟的浆果感染症状明显，像涂上白粉一样。叶片变成革状，粗糙，叶片上卷，后期干枯。花蕾、花感病后，花瓣变为粉红色，花蕾不能开放。果实感病后，果面覆盖白粉状物，果实着色差；早期果实受害后，停止发育后枯死。干燥及高湿的条件下都可造成病害的蔓延。

②防治方法

选用抗病品种；病害发生初期用25%的三唑酮可湿性粉剂3000 ~ 5000倍液，或50%多菌灵可湿性粉剂2000倍液喷雾。另外，要及时摘除早期病叶、病果。

（4）芽枯病

芽枯病也称“草莓立枯病”，主要危害花蕾、芽及新生幼叶。此病由立枯丝核菌侵染所致，多湿、多肥条件下发病较重。设施栽培中，设施内高温、高湿更易发病，种植密度过大、老叶过多、栽植过深、侧芽过多的情况下最易感病。

①症状

感病后花蕾及新生芽出现青枯，而后逐渐变褐而枯死。芽枯部位常有霉状物产生，且多有蛛网状白色或淡黄色丝络形成。展开叶较小，叶柄和托叶带红色，然后从茎叶基部开始变褐。

②防治方法

育苗时严禁使用病株做母株。栽植时密度合理，不宜过深；灌水不宜过多，特别是不能淹苗，应及早拔除病株，通风换气。从现蕾期开始，喷多抗霉素1000倍液3 ~ 5次或用克菌丹800倍液喷5次左右，每次喷药间隔7d左右。

2. 主要虫害及防治

（1）蚜虫

①症状

危害草莓的蚜虫有多种，常见的有桃蚜、棉蚜。蚜虫在草莓上全年都有发生。蚜虫多在幼叶、叶柄、叶的背面吸食汁液，蜜露污染叶片和果实，并使叶弯曲变形，有的还是病毒的传播者，其传毒造成的危害大于它本身为害所造成的损失。蚜虫以成蚜在草莓植株和老叶下面越冬。

②防治方法

蚜虫以药剂防治为主。在开花前喷 2000 ~ 3000 倍敌杀死，或 50%辟蚜雾 2000 倍液、40%氧化乐果 1500 ~ 2000 倍液均有良好的效果。现蕾后如有蚜虫发现，应采取设施内熏蒸法防治。用 50%灭蚜烟剂熏治既可避免果实受农药污染，又能起到良好的防治作用。

（2）红蜘蛛

①症状

危害草莓的红蜘蛛有多种，以二点叶螨居多。红蜘蛛多在叶背食汁液危害草莓的生长，受害叶片的叶面呈黄白色，叶片皱缩，严重时整个叶片枯黄死掉。红蜘蛛一年发生数代，繁殖力极强。以成虫潜伏在土缝或杂草根部越冬，并在越冬寄主上繁殖。

②防治方法

红蜘蛛主要靠药剂防治，灭扫利 3000 倍液或杀螨利果 2000 倍液均有良好的防治效果。另外，叶螨类多在下部叶背越冬，早春及早摘除老叶有预防效果。

（3）草莓卷叶蛾

①为害症状

幼虫危害叶子，常见受害叶子上卷，绿色幼虫潜在中间吐丝结网，继续危害。

②防治方法

开花前喷 1 次 40%乐果乳剂 800 ~ 1000 倍液；采收后喷 1 次 50%马拉硫磷 1000 ~ 1500 倍液。

第六章　食用菌种植技术

第一节　香菇栽培技术

香菇是我国最早进行人工栽培的食用菌之一，传统的栽培方式以椴木为主，椴木香菇质地紧密、品质优良，但是生产周期长、产量低、成本高。袋料栽培技术具有原料来源广泛、生产周期短、产量高、收益大等优点，成为目前香菇栽培的主要方式。香菇属伞菌目口蘑科香菇属，也称“香蕈”“香信”或“冬菇”，具有独特的浓郁香气，肉质脆嫩，滋味鲜美，营养丰富。香菇含有人体必需的8种氨基酸、30多种酶、多种维生素及矿物质元素，被称为“菇中之王”。

一、香菇栽培技术

（一）地栽香菇生产技术

1. 选地与建棚

（1）选地

栽培场地选择在生态环境好、空气清新、水质优良、土壤未受污染、周围无污染源、光照较短、昼夜温差大的田地。

（2）建棚

根据栽种数量的多少建发菌棚，一般每667m² 放置8000袋。棚内亮度不能过大，否则会影响菌丝的正常生长。

2. 菌袋制作

（1）品种选择

菌种选用菌丝洁白、健壮、无污染、高产、抗逆性强的香菇18等品种。

（2）栽培季节

为确保 6 — 8 月正常出菇，2 月中旬开始生产菌棒。

（3）培养基配方

配方一：木屑 78%、麦麸 20%、糖 1%、石膏粉 1%；

配方二：木屑 73%、麦麸 20%、玉米面 6%、石膏粉 1%。

3. 装袋

把木屑、麦麸、石膏粉、玉米面充分搅拌均匀，把水均匀地撒到搅拌好的料上，使拌完料的水分达到 65% ~ 70%，用手攥料出水而不下滴为宜。把料用装袋机装入 55cm × 15cm 的菌袋中，装好的菌袋重量在 1.8 ~ 1.9kg，上下松紧要一致，装得过紧容易产生撑袋，过松会影响其产量并且菌袋容易折断。

4. 灭菌

通常用常压灭菌，每锅装 4000 ~ 5000 袋为宜。通入蒸汽使灭菌锅内在 4 ~ 5 h 达到 100℃，持续 36 h，灭掉培养料中有害的杂菌。

5. 接种

用密闭的方式把温度降到 25℃以下，接菌室用气雾消毒盒密封熏蒸 6 h，之后在每袋的正面打 4 个穴，把菌料塞满、塞严，再用胶带纸粘牢。

6. 菌丝培养

将已接好菌种的菌袋在常温下恢复 2 d 后，把棚内温度提高到 18 ~ 25℃，进行发菌，发菌棚内要保持清洁，待菌丝长到 6cm 以上时进行第一次刺孔增氧，把原来井字形堆放的菌袋堆成三角形，使空气充分进入垛中。第二次刺孔增氧在接种口周围菌丝相连接时进行，刺孔的数量 15 ~ 20 个，第三次刺孔（放大气）数量在 40 ~ 50 个。在发菌过程的后期，菌袋自身产热，温度应掌握在 28℃以下。菌袋接种 50 ~ 60 d 时，菌丝基本可长满袋，继续培养菌丝逐渐加浓，局部地方还会形成白点状的菌膜，接着基质表面开始发皱收缩，并分泌出浅黄色的液体。此时菌袋基本成熟，可以移到菇棚进行转色覆土等下一步管理工作。

7. 脱袋转色覆土

转色好的菌棒应为带有光泽的棕红色，其特点为出菇正常、稀密适当、产量高、质量好。在转色过程中要调整好四个环境因素，即温度、湿度、光照、空气。其中，温度控制在 18 ~ 26℃；空气相对湿度在 85%以上；畦内应有足够的光线，光线强则转色快，但应掌握适度，不能在增加光照的同时使菌层失水；做好通风管理，空气要通畅、新鲜，但一定应注意菌棒的保湿。5 月上旬，把发好的菌袋外袋脱下，下地到已经建好的出菇棚中，用细沙土把菌袋的缝隙塞满塞严，覆土的标准以露出 1/4 出菇面为宜。

8. 出菇管理

（1）催菇

经过 3 ~ 5 d 的喷水，小菇蕾就会长大，为保护菌筒，促进多产优质菇，必须疏去多余的菇蕾。随着菇蕾的长大，喷水的数量应逐步减少，否则会影响菇的质量。出菇棚温度不得超过 25℃，根据收菇的标准进行采摘，一般每天 2 次。

（2）前期管理

覆土地栽香菇采用错季栽培，以填补夏季鲜菇市场需求。脱袋后长出的第一潮菇一般在 5 — 6 月上旬，此阶段气温由低向高，夜间气温较低，昼夜温差大，湿度较大，对子实体分化有利。随着气温逐渐升高，应加强通风。当第一潮香菇采收结束之后，停止浇水，降低菇床湿度，让菌丝恢复生长，积累养分，待采菇凹陷处的菌丝已恢复长白，可加强喷水刺激下一批子实体的迅速形成。

（3）中期管理

期间为 6 月下旬至 8 月下旬，此时出菇较多，覆土地栽香菇均靠自然气温生长，结合人为调控。中期管理以降低菇床的温度为主，促进子实体的发生。加强喷水并增加通风量，防止高温烧菌棒。

（4）后期管理

此期间为 9 月上旬至 10 月底，此时气温逐渐下降，菌筒已经前期、中期出菇的营养消耗，菌丝不如前期生长那么旺盛。随着香菇数量的减少，增加喷水次数充分补充水分，进行休菌。待菌休好后，对菌棒进行震棒，刺激出菇。随着出菇数量的减少，菌棒会收缩，且会出现裂缝，要用细沙塞严。

（5）采收

当香菇子实体长到八分成熟时，香菇菌盖在 5cm 左右，且菌盖边缘少许内卷形成“铜锣边”，菌幕尚未完全破裂，此时香菇品质最优，应及时采收。

（二）架式香菇栽培技术

北方地区生产架式香菇，栽培品种多选择香菇 135、香菇 808，栽培季节一般选择在三、四月，平均气温稳定在 5℃以上时进行接种。此时气温刚刚回升，杂菌较少，可降低污染率，同时发菌时室温较易控制，有利于发菌。出菇时间在当年的秋季和第二年的春、夏季。其拌料、装袋、灭菌、接种、发菌、转色技术同地栽香菇。出菇采用高棚层架式出菇方式，当棚内气温稳定在 22℃以下时进行上架管理，选择晴天将菌棒运进出菇棚上架，通过振动和温差刺激，促使菇蕾发生，当菌袋中的菇蕾长至 1 ~ 1.5cm 时要及时割袋开穴。为了培养优质花菇，每个菌棒菇蕾不宜超过 4 ~ 6 朵，去畸形弱小的，留圆正粗壮的，而且要疏散、分布均匀。出菇期要保证棚内湿度达到 85% ~ 90%，待菇蕾长至 2cm 以上时，要加强通风，降低温度、湿度，光照三分阳七分阴，促使花菇形成。

（三）立袋式香菇栽培技术

立袋式香菇是冀北地区新引进的一种栽培模式，可反季节栽培，即 9 — 11 月生产，次年春、夏、秋季出菇；也可顺季节栽培，即 2 — 4 月生产，当年秋季和次年春、夏季出菇。栽培品种选择香菇 808 和灵仙一号。这种栽培模式特点是出菇设施简便、投资小，同时能够有效解决地栽香菇存在的诸多弊病，并能大幅度提高产品质量，资金回笼快。

立袋式香菇的出菇棚内需搭建菌袋排放架，方法是在地面每隔 2 ~ 3 m 打一根 60cm 的木桩，地面露出 30cm，把铁丝固定在木桩上，每行铁丝间距 25 ~ 30cm，中间留人行道，每排 6 ~ 7 道，靠边的排 3 ~ 4 道。也可根据实际情况灵活掌握，便于管理即可。菌棒菌丝生理成熟并完成转色后，运进出菇棚脱袋排场。排场后增加菌棒湿度达 90%左右，利用温差刺激（10℃以上温差）或振动刺激，使菌丝扭结成原基，再受光照刺激后，原基分化成带有菌盖、菌柄的菇蕾，逐渐长大成为香菇。

二、香菇病虫害防治技术

香菇在生产过程中常受到病虫的危害，如果防治不利，会使香菇栽培陷入恶性循环的境地，轻则造成减产，重则栽培失败，所以必须引起高度重视。香菇的病虫害防治应以“预防为主，综合治理”和安全、有效、经济为原则，用农业防治、生物防治、物理防治和化学防治相结合的综合防治技术对有害生物进行控制和治理，把化学防治作为辅助手段，使生产的香菇达到国家无公害香菇质量标准。

（一）杂菌危害及防治

生长在香菇上的杂菌很多，主要有木霉、链孢霉、毛霉等。

1. 木霉

木霉又称为“绿霉菌”，广泛分布于各种植物残体、土壤和空气中。木霉靠孢子传播，常借助气流、水滴、昆虫、原料、工具及操作人员的手、衣服等为媒介，侵入培养基内，一旦条件适宜就萌发繁殖为害。当生产环境不清洁、培养料灭菌不彻底、接种操作不严格，且处于高温高湿条件时，就给木霉侵染造成良机，尤其是多年的菇场和老菇房常是木霉猖獗的场所。

危害香菇生长的所有杂菌中，木霉威胁最大。木霉适应性强，繁殖速度快，它本身能分泌毒素，抑制香菇菌丝生长。木霉能生长在生长势减弱的香菇菌丝体上，使香菇组织细胞溶解死亡。木霉在 4 ~ 42℃范围内都能生长，孢子萌发喜高湿环境，侵害香菇培养基时，初期为白色棉絮状，后期变为绿色。菌种如果被木霉危害，必须报废，即使是轻度感病的菌种也应弃之不惜。

2. 链孢霉

链孢霉生长初期呈绒毛状，白色或灰色，生长后期呈粉红色、黄色。链孢霉主要以分生孢子传播为害，大量分生孢子堆集成团时，外观与猴头菌子实体相似，是高温季节发生的最重要杂菌。链孢霉菌丝顽强有力，有快速繁殖的特性，一旦大发生便是灭顶之灾，其后果是菌种、培养袋或培养块成批报废。所以对链孢霉必须以防为主，防治结合。

3. 毛霉

毛霉又叫“黑霉”“长毛霉”，菌丝初期白色，后灰白色至黑色，说明孢子囊大量成熟。该菌在土壤、粪便、禾草及空气中到处存在，在温度较高、湿度大、通风不良的条件下发生率高。其生长速度明显高于香菇菌丝，毛霉菌丝体每日可延伸 3cm 左右。毛霉在香菇菌丝体培养期间侵染时，蔓延速度快，数日内便能布满基质，而受害的香菇菌丝则生长缓慢，尽管最终仍能伸达基质各处，但香菇菌丝已无正常浓白色，而是呈灰黄色。发生的主要原因是基质中使用了霉变的原料，接种环境含毛霉孢子多，在闷湿环境中进行菌丝培养等。

4. 杂菌防治措施

（1）培养料先经堆制发酵，利用多种高温型微生物所产生的生物热杀死害虫和中低温菌类，减少污染源。

（2）快速装袋灭菌。配制后的培养基偏酸性，适于各种微生物生长与繁殖，所以应尽量在 5 h 内装完毕，灭菌时要求在 4 ~ 6 h 使温度上升到 100℃。

（3）培养室降温、通风，可以减少杂菌污染，提高接种成品率。如要防止木霉的污染，可把接种后的菌袋先在 16℃下培养，这时香菇菌丝可以生长，而木霉的孢子难以萌发且菌丝生长缓慢（木霉菌丝生长最适温度为 25 ~ 30℃）。待香菇菌丝体在培养料表面生长到一定程度后，再逐步提高温度，直至在 25℃下菌丝体长满全袋。如果一开始就在 25℃下培养，有利木霉菌丝的生长，则杂菌污染率就高。

（4）局部污染的菌袋，可注射 20% 甲醛溶液或 5% 石碳酸，以控制污染点的扩散。对蚯蝓、白蚁的防治，可参照椴木栽培的防治方法进行。对跳虫的防治，在出菇期可用 0.1% 敌敌畏拌少量蜂蜜诱杀，也可用 0.1% 鱼藤精或 150 ~ 200 倍除虫菊液喷洒。

（二）虫害及防治

常见的害虫有菇蝇、菇蚊、螨类、蛞蝓、跳虫、白蚁等。

1. 菇蝇

成虫和幼虫都喜欢取食潮湿、腐烂、发臭的食物，有较强的趋化性和趋腐性。可取食菌丝和子实体，可随培养料进入菇房，也可随菇房通风进入菇房。菇房的菇香味和烂菇味对菇蝇都有很强的吸引力。菇蝇繁殖力极强，一只雌蝇可产卵 300 粒。菇蝇以幼虫为害，在料中为害菌丝，从基部侵入菌柄，蛀食子实体，严重时会将整个菇体食为海绵状。

2. 菇蚊

菇蚊喜欢在潮湿、肮脏的环境繁衍，香菇真菌的菌丝是菇蚊的最好食料之一。其危害方式主要是咬食菌丝，破坏菌丝的正常生长，导致菌丝衰弱或死亡，同时给其他杂菌的浸染创造了良好的条件，使一些竞争性杂菌在菇蚊的危害斑上大量繁殖并产生抗菌素，引发病害而进一步破坏香菇菌丝，造成危害的恶性循环。此外，跳虫、螨虫、线虫等也趁机在菇蚊的咬斑内大量繁殖，加重危害程度。虫病的综合危害造成香菇的菌丝自溶，培养基松散，黑水横流。据观察，菇蚊的幼虫在人造菇木内危害2～3周后变硬化蛹，蛹经过3～7d羽化为成虫飞出。成虫交尾后很快产卵，每只雌虫约产卵10～300粒。菇段因受害后所产生的特殊气味，对菇蚊的成虫有很强的诱集性，因而菇蚊往往又会回到病斑上产卵，引起下一个世代对香菇的危害。

3. 螨类

螨类包括红蜘蛛、菌虱，其主要潜藏在厩肥、饲料和培养料内，鸡窝畜舍、谷物仓库等环境条件差、腐殖质丰富的场所往往有大量的螨类存在。螨类非常微小，发生初期常被忽视，一旦暴发易酿成大灾。螨类在香菇生产的各个阶段均可能造成危害，取食香菇菌丝体及子实体。培养基发螨害后，接种部位的菌种块不萌发或萌发后菌丝外观稀疏暗淡并逐渐萎缩，严重时培养料中的菌丝会被全部吃光，造成栽培失败。

4. 虫害防治措施

（1）菇蝇的防治措施

菇蝇在不同时期应采用不同方法。

出菇前有菌蛆大量发生，可用敌敌畏按0.90 kg/m² 的量进行熏蒸，同时，在每个培养块上再喷0.15 kg的1%氯化钾或氯化钠溶液（可用5%食盐水代替）。

出菇后有菌蛆为害可喷鱼藤精、除虫菌酯，烟碱等低毒农药（烟碱可自制：取0.50 kg烟梗，加水5 kg煮沸后取溶液喷洒）。

此外，还应加强通风，调节棚内温湿度来恶化害虫生存环境，达到防治目的。

（2）菇蚊的防治措施

①及时清理废旧培养料

香菇采收过程中应及时将废弃的菇木挑出并集中堆放处理，采收结束应马上将全部菇木离架脱袋，集中堆放并彻底打扫菇棚。废料堆应远离下一批菇木的发菌场所，堆内泼洒50%的石灰水消毒，然后在堆面喷洒200倍敌敌畏液后加塑料薄膜覆盖，这样既可促进废料发酵腐熟又可杀虫灭菌。废料堆放40 d以上后可作大田作物有机肥使用。

②保持发菌场外和出菇场地清洁

堆放前发菌场所和菇棚（包括人造菇木堆放地及周边环境）要进行彻底清扫，并用石灰粉或漂白粉等进行消毒杀虫灭菌。菇木要疏排，及时翻堆，及时刺孔通气，加强管理，提高菇木的自身抗病虫能力。

③正确掌握防除菇蚊的方法

主要采用喷雾、注射、挖除、诱杀四种方法防治菇蚊。

（3）螨类的防治措施

搞好培菌场所的环境卫生可有效地杜绝螨害的发生。对发生螨害的培菌室，在重新使用前用敌敌畏等药物熏蒸杀螨。菌丝体培养期间可喷洒1000倍液的三氯杀螨醇或500倍液的克螨特效果较好。子实体培育期间不宜用药，否则菇体易产生药害，食用后危害人体健康。

（4）其他虫害的防治措施

对蜗牛、蚰蝓等害虫，可于清晨或傍晚进行人工捕杀。对白蚁可用亚砒酸60%、滑石粉40%；或亚砒酸46%、水杨酸15%、氧化铁5%的混合药粉撒施在蚁道、蚁巢上防治。

第二节 平菇栽培技术

平菇又名“侧耳菌”，属木质腐生菌类，是目前我国栽培最多的主要食用菌之一。平菇在真菌分类上属于担子菌纲伞目侧耳科侧耳属。我国已发现的食用侧耳有30多种，进行培植的主要有糙皮侧耳、紫孢侧耳（美味侧耳）、金顶侧耳（榆黄蘑）、栎平蘑，近年来又驯化成功红平菇。此外还从美国引进了佛罗里达平菇，从中国香港、澳大利亚引进凤尾菇等。

平菇肉厚质嫩、味道鲜美、营养丰富，蛋白质含量占干物质的10.5%，且人体必需氨基酸含量高达蛋白质含量的39.3%。平菇含有大量的谷氨酸、乌苷酸、胞苷酸等增鲜剂，这就是平菇风味鲜美的原因。平菇含有多种维生素和较高的矿物质成分，其中，维生素 B_1、维生素 B_2 的含量比肉类高，维生素 B_{12} 的含量比奶酪高。平菇中不含淀粉，脂肪含量极少（只占干物质的1.6%），被誉为“安全食品”“健康食品”，尤其是糖尿病和肥胖症患者的理想食品。平菇中的侧耳菌素、侧耳多糖等各种特殊成分的生理活性物质都分别具有诱发干扰素合成、加强机体的免疫作用、提高机体抵制癌变的能力、减少血液中的胆固醇等。因此，多食平菇既可防治高血压、心血管病、糖尿病、癌症、中年肥胖症、妇女更年期综合征、植物神经紊乱等病症，又可以增强体质、延年益寿。

一、栽培方式与季节选择

平菇栽培方式很多，但目前多采用袋式立体栽培法。平菇虽然有各种温型的品种，适宜于一年四季栽培，但总体上平菇绝大部分品种属于中、低温型的。少数高温型品种是人为选育的，以满足夏季生产需要。根据平菇生长发育对温度的要求，一般栽培季节为春、秋两季，春季栽培宜早，争取春季完成栽培周期；秋季宜迟，避免高温伤害菌丝，应在气温降至 20℃以下时开始栽培。

二、培养料的配制

（一）常用配方

大部分农副产品的废弃物（秸秆、皮壳等）均可用作栽培料来栽培平菇，常用的配方有：①棉籽皮 89%，麸皮 10%，石膏（或石灰）1%；②玉米芯（粉碎成黄豆粒大小）93%，棉籽粉饼 4%，过磷酸钙 1%，石灰粉 1%，石膏粉 1%；③高粱壳 78%，玉米面 5%，糖 1%，石膏 1%，石灰 2%。

按以上配方分别称取各物质，按料水比 1 ∶ 1.5 加水拌料，充分拌匀。

配料注意事项：①含量较少、能溶于水的物质先溶于水后再拌料；②拌料后堆闷两小时再用，使培养料充分吸水；③装袋接种前检查含水量是否合适。

（二）培养料的堆积发酵

1. 堆积发酵的方法

①拌料按料水比 1 ∶（1.8 ~ 2.0）加 pH 值为 10 左右的石灰水拌料，充分搅拌均匀。

②选地建堆在背风向阳地，培养料堆成下底宽 1 ~ 1.5 m，高 1 ~ 1.5m 的料堆，长度不限，表面稍拍实后，按 30cm 的穴距打直径 5 ~ 8cm 的孔，以利于通气，料堆表面覆盖草苫。

③发酵过程：一般建好堆后 2d 左右堆温可升至 60℃，维持 24 h 后翻堆，

翻堆后再盖好，堆温升 60℃时再维持 24 h。

2. 堆积发酵的标准

①看培养料颜色变深，呈浅褐色；

②闻气味正常，不酸、臭，无霉变；

③摸培养料发软，但不粘。

3. 培养料发酵的优点

①可以杀死大部分的虫卵和幼虫以及部分杂菌；

②使培养料软化，菌丝易于分解生长；

③能显著提高产量。

三、菌袋选择及接种

①菌袋选择常选用 22cm ×（45 ~ 50）cm，每袋可装干料 1 kg 左右；

②准备菌种将栽培种从菌种袋或菌种瓶中取出，用手掰成 1 ~ 2cm 的小块备用；

③接种量一般为 6% ~ 10%；

④装料接种采用层播的接种方式，即三层菌种两层料。两端和中间为菌种，其他为栽培料。具体方法：料袋一端封口→装入一层菌种→装料→再装一层菌种→再装料→最后再装菌种→料袋另一端封口。

四、栽培管理

（一）菌丝生长阶段的管理

在平菇栽培中，发菌阶段的管理是非常重要的，这是栽培成败的关键。

栽培袋的堆放：在温度偏低的季节（春、冬季），双排堆放，堆高 6 ~ 8 层，行间距 60cm；在温度偏高的季节（秋季），单行堆放，堆高 4 ~ 5 层，袋间距 3 ~ 5cm 或井字排垛，行间距 60cm。

发菌前期每 2 ~ 5d 倒垛一次，中后期每 7 ~ 10 d 结合检查杂菌倒垛一次。倒垛时要将垛中的菌袋上下里外位置互换，以利于均衡发菌。除定期倒垛外，还应注意观察菌袋温度，一旦发现垛中菌袋温度达到或超过 35℃时，应立即倒垛，散热降温。

一般接种后 2 ~ 3 d，菌丝开始恢复生长。菌丝生长的最适温度是 23 ~ 27℃，所以温度管理应尽可能达到或接近这个范围。生料栽培或开放式栽培，培养料中还有其他微生物活动产生呼吸热，料温将比室温高出2～3℃甚至更多，所以要密切注意料温变化，采取相应的散热措施，降低培养室的温度。这个阶段的空气相对湿度要求控制在80%以下，菇房和菌袋都不能喷水，湿度高会导致污染率提高。

菌丝生长阶段，光照对菌丝生长不利，尤其不能使菌袋受到直射光照。

空气对平菇菌丝生长也很重要，虽然菌丝生长阶段能耐较高浓度的CO_2，但CO_2浓度过高也会抑制菌丝生长，严重缺氧时菌丝会老化窒息而死。培养室若通气不良，菌丝的呼吸热量散不掉，会致使料温上升，烧坏菌丝。

（二）子实体生育阶段的管理

当菌丝长满全部培养料，正常温度下需1个月左右（凤尾菇20 d左右），此时，平菇由营养生长阶段转入生殖发育阶段。

平菇子实体生育阶段需要低温，尤其是原基分化更需要低温刺激和较大的温差，所以在生育阶段将温度控制在7～20℃范围之内，最适温度13～17℃。原基分化阶段尽可能扩大温差。

子实体发育阶段的水分管理尤为重要。菌丝生满培养料后要浇一次出菇水，以补充发菌阶段散失的水分，满足出菇对水分的需要，另外出菇水还有降低料温、刺激出菇的作用。同时，可向墙壁、过道、空中喷雾增加空气湿度，把空气相对湿度提高到85%左右。

通过调节温差、湿度和光照的刺激，菌棒上开始出现许多小颗粒，即进入桑葚期。此阶段应停止向菌棒喷水，否则，会影响菇蕾的形成和造成菇蕾不分化烂掉，可经常向空间喷雾提高空气湿度。菌棒过于干燥，菇蕾容易枯萎；补水多了，菇蕾又容易浸水烂掉，且温差刺激不够，不能大面积形成原基。这阶段的管理难度较大，但对出菇产量极其重要。

（三）间歇期的管理

第一潮菇采收之后10～15 d，就会出现第二潮菇，总共可收四至五潮，其中主要产量集中在前三潮。在两潮菇之间是菌丝休整积累养分的时间，此时要做到：①清理菌棒表面老菇根和死菇，防止腐烂；②轻压菌棒并使老菌皮破裂，以利新菇再生；③将门窗打开通风4～5 h，换入新鲜空气；④用清水将薄膜正反两面彻底擦洗干净，然后贴菌棒覆盖，清理室内杂物，保持卫生；⑤一周后按头潮菇管理法进行，浇出菇水和调节温差刺激催蕾等管理措施。以后各潮菇照此管理。

五、病虫害防治

（一）病害

病害分为寄生性病害、干扰性病害、竞争性病害三大类。直接侵害蘑菇菌丝体的叫“寄生性病害”；虽不直接侵害蘑菇菌丝体和子实体，但病源菌分泌的毒素能抑制蘑菇菌丝或干实体生长发育的叫“干扰性病害”；由于病菌的存在，夺取或降低了蘑菇培养基生长发育所需营养的叫“竞争性病害”。

病菌的侵染源，初侵染多为空气，再次侵染主要是蘑菇残体和水。根据杂菌生态来源，采取以下防治措施：（1）菇房保持良好的卫生环境，及时处理有病菌的蘑菇和菌丝体。保持低温、低二氧化碳，促进空气循环。（2）种菇前，对菇棚尤其是老菇棚一定要进行消毒。（3）采用新鲜培养料，并根据霉菌喜酸性的习性，加2%的石灰，将pH值调至8 ~ 8.5。若培养料陈旧或产生霉团，应在阳光下暴晒3 ~ 5 d，然后拌入2%石灰水堆闷发酵3 ~ 5d方可使用。（4）对已发生霉菌的菌袋或菌块，可挖去病菌，在病区撒入石灰粉或10%石灰水，或者将菌块浸入水内。水面高出菌块5cm，每天浸泡4 h、连泡5 d，可使青霉、绿霉因隔绝空气而死亡，蘑菇菌丝不受影响。

（二）虫害

危害平菇的害虫主要是双翅目和螨类。其防治方法为：（1）菇房按每立方米空间用磷化铝10 g或3片进行熏蒸；（2）使用菊酯类或乐果杀虫剂在每茬菇收获后喷雾除治。

第三节 滑子菇栽培技术

滑子菇又名“滑菇”“珍珠菇”“光帽鳞伞”。在植物学分类上属真菌门担子菌亚门担子菌纲伞菌目球盖菇科鳞伞属，原产于日本，我国主产区为河北北部、辽宁、黑龙江等地。滑子菇味道鲜美、营养丰富，深受消费者喜爱。滑子菇100 g鲜菇含蛋白质1.1 g、脂肪0.2g、糖2.2g，并含有钙、磷、铁、钠及维生素B_1、维生素B_2。滑子菇子实体的热水提取物——多糖体，可预防葡萄球菌、大肠杆菌、肺炎杆菌、结核杆菌的感染。滑子菇是很有发展前景的保健食品及出口创汇产品。

一、栽培季节

滑子菇属低温变温结实型菌类，根据不同地区气候特点，适时栽培。冀北地区一般选择在10月中旬至11月中旬接种，翌年3月下旬码垛催蕾，出菇期为4—12月。

二、菌种的选择

（一）品种选择

滑子菇根据出菇温度的不同分极早生种（出菇适温为7～20℃）、早生种（5～15℃）、中生种（7～12℃）、晚生种（5～10℃）。生产者要根据当地气候、栽培方式和目的来选用优良品种。现在主产区的主栽品种主要有早生2号、112—1、C3—1、C3—3等。

（二）菌种选择

选用菌种时要求不退化、不混杂，从外观看菌丝洁白、茸毛状，生长致密、均匀、健壮；要求菌龄在50～60 d，不老化、不萎缩，无积水现象。选用菌种时应各品种搭配使用，不可使用单一品种，防止出菇过于集中，影响产品销售。

三、出菇棚的建造

良好的栽培场地是滑子菇正常生长发育的基本条件。在当前农村的生产水平和经济条件下，一部分是利用空闲住房、棚室作菇房，但大多利用或建造温室大棚做培养室或出菇棚。出菇的好坏、产量的高低完全取决于培养室的环境和出菇棚的设置，因此为满足滑子菇生长发育要求，栽培场所应具备以下条件：①保温保湿，不易受外界气候条件影响而使温度发生剧烈变化；②冬暖夏凉，提高发菌成品率，延长出菇期；③通风条件好，没有直流风；④无直射光，但必须有较强的散射光，能满足子实体生长发育的需求；⑤环境清洁，远离污染物，靠近水源。

四、培养料常用配方

配方一：木屑77%，麦麸（或米糠）20%，石膏2%，过磷酸钙1%。

配方二：木屑84%，麦麸或米糠12%，玉米粉2.5%，石膏1%，石灰0.5%。

配好的培养料pH值在6.0～6.5为宜，含水量为60%～65%。

五、拌料、装袋、灭菌

（一）拌料

将培养料按比例配好，搅拌均匀，加水量可根据原料的干湿情况，以料含水量达 60% ~ 65%为准，闷堆 30 min。

（二）装袋

栽培袋多采用 55cm × 18cm 或 55cm × 15.5cm 的聚乙烯塑料袋。装袋时应注意以下三点：①拌好的料应尽快在 4 h 之内装完，以免放置时间过长培养料发酵变酸；②装好的菌袋要求密实不松软；③装好的菌袋要逐袋检查，发现破口用胶带纸粘实。

（三）灭菌

灭菌采用蒸汽锅炉充气式灭菌方式。将装好的菌袋及时入锅，合理摆放；加温时要做到强攻头、保中间、后彻底；温度达到 100℃保持 18 ~ 20 h，再闷 2 h 趁热出锅。

六、接种

接种室提前按照要求用气雾消毒盒消毒。当菌袋料温降至 25℃左右时，即可按无菌操作要求接种。接种时要做到：①取菌种的手要干净无杂菌；②掰下的菌种块要堵实菌穴；③每次接种时间不宜过长，要保持在 4 h 以内，防止杂菌污染。

接种后的菌袋堆放方式可根据气温和发菌情况而定。低温季节，室（棚）温低于 10℃时，为提高堆温，可将菌袋菌穴朝上顺码式摆放，垛高不大于 10 层。随着温度升高，为使菌垛通气好，宜摆放成“#”字形或“△”形，排与排间留有通道，有利于空气流通。

（七）发菌

发菌管理的主要任务就是创造适宜的生活条件，促使菌丝加快萌发、定植、蔓延生长，在 50 ~ 70 d 长满菌袋，并有一定程度的转色，为出菇打下基础。

1. 菌丝萌发定植期

调节室内温度为 10 ~ 15℃为宜，空气相对湿度 60%左右，并且结合通风管理。尽量做到恒温养菌，一般每隔 7 ~ 10 d 检查翻垛一次，一旦发现有杂菌的菌袋要及时防治或清出埋掉。

2. 菌丝生长蔓延期

菌丝萌发定植后，进入旺盛生长期，温度适宜时每天最快生长 3 ~ 5mm。调节室内温度到 15 ~ 20℃，并加强室内通风管理。发菌期间可根据菌丝生长情况进行刺孔增氧。当菌丝生长缓慢、边缘纤细、颜色发黄时可进行刺孔补氧，在菌丝外边缘向里 1.5cm 处刺 6 ~ 8 个孔，孔深 1 ~ 1.5cm。如果菌袋装得较松或含水量偏低，可不刺孔。

3. 发菌成熟期管理

当菌袋发满由白逐渐变成浅黄色、黄色的菌膜时，表明已达到生理成熟，进入了转色后熟阶段，完成转色大约需 10d。发菌的好坏会直接影响到是否顺利出菇、产量高低、质量好坏。

（八）出菇

1. 场地准备

菌棒开袋前，棚内地面用消毒液进行喷洒消毒，再用石灰撒施地面。

2. 码垛开袋

将通过转色后熟期的菌袋码垛开袋，方式有三种：①可采用码“#”字垛的方式出菇，码好垛后将袋的两端塑料割掉，使两端出菇；②可采用码顺排墙式出菇，此方法需将菌袋中间截为两段，每段也两端出菇；③可采用层架式出菇方式，此方法需将菌袋接种点一面的塑料割掉 2/3，表层出菇，留下 1/3 托住菌袋置于层架上。

3. 催蕾期

催蕾期主要是增加湿度。向袋上、空间喷水，本着少喷勤喷的原则，使菌袋含水量达到 70% ~ 75%，空气相对湿度达到 85% ~ 90%，喷水时要结合通风。原基分化至小米粒大小时，袋上减少喷水量，以免死菇，此时以保湿为主，使空气相对湿度达到 85% ~ 90%，温度控制在 15 ~ 18℃。

4. 幼菇期

滑子菇长至 0.5cm，可向袋上喷水，要轻喷，喷水量以保证滑子菇生长所需水分为宜，喷水时要及时进行通风。棚温保持在 12 ~ 18℃为宜，空气相对湿度 95%以上，水温 10 ~ 20℃适宜，并要求有一定的散射光线。

5. 采收

采收标准根据市场要求而定。鲜菇采收时，用手按菇根轻轻旋转拔起，不要将料带出，同时清除死菇、残根等杂物。

（九）病虫害防治

1. 常见病害及防治

常见病害主要有绿色木霉、青霉、根霉等霉菌，预防措施如下：

（1）切实搞好环境卫生，作好菇棚、地面、工具、器具消毒。

（2）严防培养料带菌，必须做到灭菌彻底和无菌条件下接种，接种时必须在低温、无菌条件下进行。发菌时适温培养，最高不超过 25℃，并加强通风。

（3）菌种使用具有旺盛生命力的适龄良种。凡退化种、老化种、杂菌污染种均应淘汰。

（4）培养料中，按比例添加麦麸、石膏等营养物，不宜过量。

（5）对出现病害的菌袋，不提倡使用农药，可通过温度、湿度及通风来控制，当病害面积超过 2/3 且较为严重时，可进行掩埋或发酵后用于草腐菌生产。

2. 常见虫害及防治

常见虫害主要有菇蝇和菇蚊等，防治措施如下：

（1）搞好环境卫生，菇根、烂菇及废料要及时清除，并远离菇棚。

（2）菇棚门窗安装防虫网，防止成虫飞入，杜绝虫源。

（3）菇棚内经常撒石灰粉，以灭菌杀虫。

（4）出菇以后只能使用生物制剂或采用黑光灯、黄板、防虫网、灭蝇灯等诱杀办法除虫。

第四节 双孢菇栽培技术

双孢菇属于担子菌亚门伞菌目伞菌科蘑菇属，属草腐菌，中低温性菇类。双孢菇具有一定药用价值，对病毒性疾病有一定免疫作用。所含的蘑菇多糖和异蛋白具有一定的抗癌活性，可抑制肿瘤的发生；所含的酪氨酸酶对胆固醇有一定的溶解效果，对降低血压有一定作用；所含的胰蛋白酶、麦芽糖酶等均有助于食物的消化。中医认为，双孢菇味甘性平，有提神消化、降血压的作用。目前，双孢菇发展势头呈上升趋势，每年增长 15% ~ 20%。

我国地域广泛，南北气候差别较大，在北方选择海拔高、温度较低、昼夜温差较大的地区开展反季节双孢菇栽培，可实现双孢菇的周年生产和市场供应。

北方双孢菇错季栽培，自 4 月上旬开始备料生产，7 月下旬开始出菇，至 10 月下旬出菇结束，产量约在 10 kg/m²。由于双孢菇价格较高，菇农经济效益可观。双孢菇栽培技术路线：备料→预湿→建堆→翻堆→作床→进棚→二次发酵→播种→发菌管理→覆土→出菇管理→采收。

一、品种选择

选用抗病虫、抗逆性强、适应性广、产量高的品种，目前，生产上普遍使用的品种为 AS2796。

二、培养料选配

培养料的常用配方有以下两种，按 100 m² 栽培面积计。

配方一：稻草 2000 kg，牛粪 2000 kg，过磷酸钙 40 kg，石灰 32 kg，石膏 40 kg。稻草要求色泽鲜黄，干燥、无霉变。牛粪必须是没有经过自然发酵的干牛粪，纯度在 80%以上。

配方二：玉米秸 1500 kg，牛粪 1500 kg，尿素 25 kg，棉籽壳 300kg，过磷酸钙 40 kg，石膏 60 kg，石灰 50kg。

三、发酵技术

（一）预湿

首先使稻草充分湿透，边喷水边踩，使其吸足水分，堆成宽 2m，高 1.5m 的草垛，堆放 2 d，每天在表面喷水 2 次，使含水量达到 65% ~ 70%（用手拧料有水溢出而不滴下为宜）。牛粪碾碎后同时浇水拌湿，预湿 2 d 备用，把辅料按比例拌匀备用。

（二）建堆

把预湿的稻草铺在地面上，厚度 0.3 m，宽度 2.2 m，在稻草的表面撒石灰、石膏、过磷酸钙，用水喷淋一次，使石灰粉等辅料渗入稻草内部，再均匀撒上 5 ~ 6cm 厚的牛粪，依次逐层堆高到 1.7m。所建料堆要上下垂直，顶部成弓形，堆顶覆盖一层牛粪呈龟背形。建好堆后，自堆顶均匀浇水直到底部有水渗出为止。

3. 翻堆

（1）翻堆要点

①里料外翻、上料下翻，使培养料均匀发酵；

②翻堆时要把培养料抖松，让氨气散发出去；

③根据堆内发酵情况每次翻堆适量加入石灰、石膏、过磷酸钙，以调节培养料中的 pH 值和养分；

④如遇雨天，及时用薄膜盖好，雨停后要尽快掀开薄膜，以防氨气过重。

（2）翻堆时间和次数

第一次翻堆建好的堆料自身发酵至 7 d 后，有大量热气冒出，当温度升至 60 ~ 65℃时开始第一次翻堆。

第二次翻堆在第一次翻堆 8d 后进行，料温达到 65℃左右，含水量在 65% ~ 70%。每间隔 1.5 m 插一个粗 12 ~ 15cm 的木棍，待建堆完成后拔出，作为通气口，以散发出氨气和其他浊气。

第三次翻堆在第二次翻堆 7 d 后进行，翻法同前，翻堆时 pH 值调节至 7.8 ~ 8.0。

第四次翻堆在第三次翻堆 7 d 后进行，含水量控制在 65% ~ 70%。

（四）进棚和二次发酵

5 月下旬，把发酵好的堆料入棚，按照从原料堆上层放至下层的顺序铺放。堆放时要把堆料抖松，原料要混合均匀，堆成厚度为 25 ~ 30cm 的拱形料面，进行二次发酵。

二次发酵技术要点：严格控制好温度。密闭菇棚，棚内加温 24h，使棚内温度达到 60℃，保持 36 h 后，开窗散气，使温度降低到 50 ~ 55℃，密封保持 24h 后，再开窗散气，直至降至常温进行培养料整床。

（五）播种及管理

1. 播种

当料温降至 28℃时便可整床播种。播种前选择质量好、菌丝健壮、不老化的优质菌种，每平方米播种 1 ~ 1.5 瓶（500 mL）。播种方法是：将菌种瓶打碎，取出菌种，用手轻轻掰碎，先将菌种撒于料面上，用手指插入料中，稍动几下，使菌种粒落入料面下 2 ~ 3cm 处，再将剩余的菌种均匀地撒在料面上，使料和菌种密切结合。

2. 发菌管理

播种后，主要是控制好菇棚温度、湿度和通风。正常情况下，播种 3d 后菌种开始萌发，此时温度控制在 25 ~ 26℃为宜，空气相对湿度 75%左右。播种后闷棚 3 d，3d 后菌丝向料面延伸，可适当通风，7 d 左右菌丝布满料面，即可打开窗口通风，空气相对湿度控制在 70% ~ 75%，直至菌丝长到培养料的 3/4 处时准备覆土。

（六）覆土

1. 准备工作

使用 50cm 以下黏性较大的山坯黄土，pH 值在 6.8 ~ 8.0，砸碎大的土块。为了增加土的透气性，可加入新鲜无霉变的稻壳，并掺入石灰。掺和比例为：$15m^3$ 黄土，加入稻壳 380 kg、石灰 300 kg，均匀搅拌，充分加水使其湿透，堆闷 3 d 后使用。

2. 覆土过程

把土轻撒在料面上，覆土的厚度要掌握在 2.5 ~ 3cm，覆土过薄则影响产量，易开伞，覆土过厚则出菇太迟，容易出大菇。土的湿度以手握结成块，手上有水印为宜，过干过湿都不利菌丝爬土。同时棚内要开窗通风换气，温度控制在 25℃左右，湿度控制在 65% ~ 70%。

（七）出菇管理

覆土后经过 15 ~ 17 d 的管理，菌丝生长到土层 2/3 时，喷洒结菇水，2 ~ 3 d 后菌丝长出覆土表面形成菇蕾。双孢菇出菇期应注意喷水和通风。喷水时视土层干燥情况灵活掌握，喷水量不宜过大，水分过大，菌丝爬土慢，造成菇床表面不出菇。

通风要注意的基本原则：夜间多通风，水大多通风，阴天多通风。出菇期温度不得超过 23℃，最适温度为 13 ~ 18℃。

（八）采收

1. 采收标准

一般要求菇盖直径达到 2 ~ 4cm，菇形圆整，色泽洁白，无虫蛀、无破损等。为保证质量，采收前床面不要喷水。子实体生长快时，一天要采收 2 次。

2. 采收方法

双孢菇前三潮菇，床面菇多，密度大，为防止损伤菌丝及周围菇，采用旋菇法采收，即用手指捏住菇盖，轻轻转动采下，用小刀切去带泥根部，注意切口要平整。如果床面有丛生菇，且大部分子实体已长大，可整丛采下；如果只是个别菇大，其余还小，用刀割下大的子实体。采收后在空穴处及时补上土填平以促进小菇生长，提高产量和品质。

第五节 杏鲍菇栽培技术

杏鲍菇因具有杏仁香味和肉质肥厚状似鲍鱼而得名。在野生条件下主要发生于刺芹植物枯死的根茎及其周围土壤中，所以又称为“刺芹侧耳”。世界上许多国家都先后进行过杏鲍菇的人工驯化和栽培研究。从不同生态环境的国家和地区分离或引进的杏鲍菇菌株有不同的生物学特性，栽培时应特别注意。杏鲍菇营养丰富，质地脆嫩，风味独特，口感极佳，有“菇王”之称，含有 18 种氨基酸，包括人体必需的 8 种氨基酸。同时，杏鲍菇还有一定的药用价值。中医认为：杏鲍菇有益气、杀虫和美容作用，促进人体对脂类物质的消化吸收和对胆固醇的溶解，对肿瘤也有一定的预防和抑制作用，是老年人和心血管疾病与肥胖症患者理想的营养保健食品。目前，国内外市场上杏鲍菇价格较高，约为平菇、金针菇的 3 ~ 5 倍，适度发展杏鲍菇栽培将给栽培者带来较好的经济效益。

一、生产制备阶段

（一）菇房

菇房宽 3.5 m，长 9 m，高 3.5 m，分为发菌室、催蕾室和育菇室。各室的门统一开向走廊，廊宽 2 m。墙体喷涂聚乙烯发泡隔热层。菇架双列向排列，四周及中间留有过道，便于操作和空气循环。发菌室菇床 7 层，层距 0.35 m；催蕾室和育菇室菇床 5 层，层距 0.45 m，底层菇床距地面为 0.25 m。

（二）设备

菇房安装制冷、通风、喷雾、光照四种主要设备。各室配备 1 台 5HP 的制冷机和 1 台 40 m^2 的吊顶冷风机，或 2 室配备 1 台 8HP 的制冷机组和 2 台 40 m^2 的吊顶冷风机。催蕾室与育菇室的天花板上及纵向二垛墙各安装 2 盏 40 W 日光灯。各室安装 1 台 45 W 轴流电风扇，新鲜空气经由缓冲室打入菇房，废气从另一排气口经缓冲室隔层排出。

（三）主要栽培配方

配方一：棉籽壳 77.7%、麸皮 18%、玉米粉 2%、糖 1%、石膏 1%、磷酸二氢钾 0.3%，pH 值 9 ~ 11。

配方二：棉籽壳 37%、杂木屑 37%、麸皮 19%、玉米粉 5%、糖 1%、石膏 1%，pH 值 9 ~ 11。

配方三：杂木屑 48%、稻草秸 24%、麸皮 20%、玉米粉 5%、糖 1%、石膏 2%，pH 值 9 ~ 11。

配方四：棉籽壳 48%、玉米芯 30%、麸皮 20%、石膏 1%、糖 1%，pH 值 9 ~ 11。

（四）菌袋规格

塑料袋选用对折角的聚丙烯塑料袋，宽 17cm，长 36cm，厚度 0.05mm，装干料 500 g。

（五）装瓶

机械装瓶，中心打孔，加滤气瓶盖。采用耐高温塑料筐（16 瓶 / 筐）。

（六）灭菌

高压灭菌，121℃保持 2 h。将栽培袋竖置于用钢筋焊成的周转筐内，周转筐四周和底部用编织袋铺垫，防止栽培包破损，周转筐上面覆盖一层耐热薄膜，防止冷凝水打湿棉塞。将周转筐堆叠于平板轨道车上，推入灭菌柜内进行蒸汽灭菌。

（七）接种

瓶温 30℃以下，无菌室接种。

（八）发菌

接种后菌袋移入发菌室避光培养，室内设定温度 23 ~ 25℃。

杏鲍菇在营养生长期间 CO_2 对菌丝生长有促进作用。随着菌丝的生长，袋中 CO_2 浓度由正常空气中含量 0.03% 逐渐上升到 0.22%，能刺激菌丝生长，所以培养期间少量换气即可。培养 35 d 左右菌丝可长满栽培包。

二、栽培管理

（一）催蕾

培养结束的菌袋移入催蕾室菇床上，去掉棉塞和套环，表面覆盖农用地膜进行催蕾。催蕾室温度设定 12 ~ 15℃，白天灯照 9 h，光强在

100 ~ 200 lx。调节室内空间湿度在85%左右，CO_2浓度在1000 mg/kg以内。催蕾时每天掀开地膜2次，每次15 min。催蕾7 d后原基开始形成，每天应检查菌袋原基发生情况，10 d左右菇蕾形成后进入出菇管理阶段。

（二）育菇

现蕾后将菌袋移入育菇室培育，离料面3cm高以上塑料袋剪去。育菇室内设定温度15 ~ 18℃，每天灯照9 h，光强200 ~ 5001x。空气湿度85% ~ 90%，提高湿度应在缓冲室调节，或进行菇房空间喷雾。室内通风换气量控制在CO_2浓度2000 mg/kg以内。当菇蕾长到花生米大小时，用小刀疏去畸形和部分过密菇蕾。据观察，每袋产量与成菇朵数趋正相关，应根据目标市场的消费要求决定每袋应留菇蕾数。

（三）采收

当菌盖平展，孢子未弹射时为采收适期。采大留小，分次采收。采收单菇时，手握菌柄基部旋转拔起，丛菇用小刀切割。大多数菇袋只采收第一潮菇，单袋平均产量可达250 g以上。第一潮产量不足150g的菇袋可继续管理，10 d后再长出第二潮菇。鲜菇采后应分级上市，或在3 ~ 4℃冷库中保鲜，保鲜期可达1周以上。

第六节 黑木耳栽培技术

黑木耳又名“木耳”“耳子”“光木耳”“云耳”“川耳”等，隶属真菌门担子菌亚门层菌纲木耳目木耳科木耳属。黑木耳不仅有独特的味道，而且有很高的营养价值。其营养成分仅次于肉、蛋、鱼、豆，而为其他任何蔬菜所不及。因此，人们把黑木耳比作“素中之荤”的保健食品。

黑木耳营养丰富，其蛋白质含量远比一般蔬菜和水果高，含有人体必需的氨基酸和多种维生素，其维生素B_2的含量是米、面、蔬菜的10倍，比肉类高3 ~ 5倍；钙的含量是肉类的30 ~ 70倍；磷的含量比肉、鸡蛋都高，是番茄、马铃薯的4 ~ 7倍；尤以铁最丰富，为各类食品的含铁之冠，比肉类高100倍。每100 g黑木耳含蛋白质10.6g，脂肪0.2g，糖65g，粗纤维7g，灰分5.8g，钙375 mg，磷201 mg，铁185 mg，胡萝卜素0.03 mg，硫胺素0.15 mg，核黄素0.55 mg，尼克酸2 ~ 7 mg。目前，全球年消费黑木耳约6万吨，主要集中在中国、日本、泰国、新加坡等国家，随着国民经济和人民生活水平不断提高，黑木耳的消费量也将随之增多，市场潜力巨大。

我国栽培黑木耳的历史悠久，据有关史料记载，至少有800年以上。过去黑木耳栽培是沿用老法，即砍树、剔枝、断棒后排在耳场里，让其自然生耳。20世纪70年代以来，随着科学技术的不断进步，黑木耳栽培进入纯菌种接菌时代，黑木耳种植量迅速扩大，栽培黑木耳的经济效益显著提高。20世纪80年代以来，黑木耳管理技术的不断改进和适于各地气候条件的优良菌株的选育，使黑木耳栽培水平和产量有了很大的提高。

一、黑木耳主要栽培品种

黑A：出菇温度14～24℃，中高温品种，生物转化率180%，菊花状，朵大肉厚，产量高、质量好，国家认定品种。

998－7：出菇温度14～24℃，中高温品种，生物转化率120%，辽宁朝阳食用菌研究所培育品种，出耳密度大，产量高、质量好。

黑优：出菇温度12～22℃，中温品种，生物转化率140%，单片状，耳片大，抗杂能力强，后熟期较长，产量高、质量好，承德市平泉县野生驯化品种。

黑29：出菇温度12～22℃，中温品种，生物转化率120%，耳片波浪状、朵形好，正反分明，产量集中，但后熟期较长，是东北地区主栽品种。

二、常用配方

配方一：杂木屑79%，麦麸20%，石膏1%。

配方二：杂木屑77%，麦麸10%，稻糠10%，玉米粉2%，石膏1%。

配方三：杂木屑82%，麦麸13%，玉米面2%，豆粉1.5%，石膏1.5%。

培养料应选用新鲜、无霉变的原料。木屑选用阔叶树种；玉米芯应先在日光下暴晒1～2 d，用粉碎机打碎成黄豆粒到玉米粒大小的颗粒，不要粉碎成糠状，以免影响培养料的通气性。

三、工艺流程

黑木耳的栽培工艺流程包括拌料、装袋、灭菌、接种、发菌管理、做床、催芽、露天管理、采摘、晾晒。

（一）拌料

拌料要拌匀，保证含水量在 65%左右。

（二）装袋

人工装料时要边装料边用手压实，要求上下松紧度一致（菌袋装料时以不变形、袋面无破褶、光滑为标准）。原种菌袋包装程序为：装料→压实料面→窝口→扎棍→覆棉花→盖纸盖→系胶筋；栽培种菌袋包装程序为：装料→压实料面→窝口→扎棍。原种湿重 0.6 kg，栽培种湿重 1.15 kg。当天装的菌袋（瓶）要在当天灭菌，不能放置过夜，以免产生杂菌，发酵、酸败。如当天不能灭菌，应放到冷凉通风处过夜。

（三）灭菌

采用常压灭菌方式，提前将灭菌锅锅屉放好，要求锅屉离锅水平口约 10cm，上面放麻袋片；17cm × 33cm 的菌袋灭菌时需装在铁筐中或在蒸锅内搭架子，16cm × 52cm 的菌袋灭菌时培养袋依长向平放成“#”字重叠排列在锅屉上，行间距 3cm，便于内部空气流通；然后用塑料和棉被将锅封严，待菌袋内温度达 100℃后再保持 12 h。灭菌后当菌袋温度降到 60℃时趁热出锅，将菌袋送入接种室进行冷却。

（四）接种

待袋中料温降至 30℃以下时就可进行接种。接种要做到无菌操作，菌袋接种程序为：将冷却的菌袋放入接种箱内；栽培种瓶外壁用 75%酒精擦拭，消毒后也放入接种箱内，然后用 5 g/m³ 高锰酸钾，10 mL 甲醛熏 0.5 ~ 1 h；接种时点燃酒精灯，用灭菌的镊子将栽培种弄碎，在点燃酒精灯的无菌区内，使瓶口对着袋口，将菌种均匀地撒在袋内料表面上，形成一薄层，这样黑木耳菌丝萌发快，抢先占领料面，以抑制杂菌侵染。每瓶三级种可接 30 袋左右。

（五）发菌管理

菌袋接种后要放在消毒后的培养架上发菌，培养架每层之间的高度为 35cm 左右。培养初期，袋应直立整齐摆放，袋间留有适当的距离，待菌丝伸入培养料内后，可以将袋底相对，口朝外，卧放 2 行，上下迭叠 4 排。菌袋发菌时将培养袋摆成“#”字形，高十层左右，初期 4 个菌袋一层，每垛间要留有适当的距离，随着温度的升高可改为 3 个一层或 2 个一层。

培养前期，即接种后 15 d 内，培养室的温度适当低些，保持在

20 ~ 22℃，使刚接种的菌丝慢慢恢复生长，菌丝粗壮有生命力，能减少杂菌污染；培养中期，即接种 15 d 后，黑木耳菌丝生长已占优势，将温度升高到 25℃左右，加快发菌速度；培养后期，当菌丝快发满，即培养将结束的 10d 内，再把温度降至 18 ~ 22℃，菌丝在较低温度下生长得健壮，营养分解吸收充分。这样培养出的菌袋出耳早，分化快，抗病力强，产量高。发菌期间，菌袋内的温度必须一直控制在 32℃以下，温度测量应以上面第二层和最下层为准。培养室的湿度一般保持在 55% ~ 65%。黑木耳在菌丝培养阶段不需要光线，培养室的窗户要糊上报纸，使室内光线接近黑暗。培养室每天要通风 20 ~ 30 min，保证有足够的氧气来维持黑木耳菌丝正常的代谢作用；后期，更要增加通风时间和次数，保持培养室内空气新鲜。

（六）做床

选地势平坦、靠近水源、排水良好、房前屋后空地、避开风口、土质黏重的地块做距地高 5cm、宽 90cm、长度不限的床，床与床之间留有排水沟。床做好后，床面应浇一次重水，然后喷 500 倍甲基托布津溶液消毒。

（七）催芽

接种好的培养袋经 40 ~ 50 d 培养，菌丝就可长满菌袋。菌丝长满后不要急于催耳，应再继续培养 10 ~ 15 d，使菌丝充分吃料，积聚营养物质，提高抗霉抗病能力。这时，培养室要遮光，同时适当降低湿度，防止耳芽发生和菌丝老化。之后，培养好的菌袋就可运往场地，感染杂菌的菌袋要单独放，放在最后开口，运输时要轻拿轻放。用 1%石灰水对整个菌袋进行消毒，然后捞出控干。将 17cm × 33cm 的栽培袋取下牛皮纸和棉塞，用绳扎好口，然后划 V 字形口，V 字形口斜线长 1.5cm，深 0.5cm。每袋大约划 10 个口（16cm × 52cm 的菌袋划 20 个口），最底层的口应离地面 5cm 以上。口与口之间呈“品”字形排列。也可用打孔机打孔，每袋 20 个孔（16cm × 52cm 的菌袋打 40 个孔），均匀分布，这种打孔方式耳片多为单片，产品质量高。将 2 个床的菌袋摆放在 1 个床内进行催芽管理，每平方米可摆 40 袋（16cm × 52cm 菌袋可摆 20 袋），袋与袋之间留 3cm 的距离，摆放时地面不铺地膜，如地面干燥需喷底水，地面比较潮湿的可直接摆放。排放完毕后，盖塑料薄膜，薄膜上盖草帘子，此后进入催芽期管理。

开口后的菌袋进入催芽管理阶段，此期不可向袋上浇水，应注意床内的湿度，这期间床面空气相对湿度应保持 85% ~ 90%。过于干燥不利于开口处伤口修复；湿度太大，菌丝易从开口处穿出，影响耳基形成。简便方法是：看塑料薄膜上有无水雾或水珠，如有水珠下滴，则湿度过大，要增加通风度；塑料膜上无水雾或水珠，为湿度过小，要减少通风量，并需要在床两侧喷水增加床面湿度。根据湿度情况来决定通风量的大小。这期间床面温度要控制在 24℃以下，若温度超过 24℃，应通风使温度降到 24℃以下。耳基形成后，进入出耳期管理。这一时期的管理要点是：直接给水（给水时将草帘子、薄膜撤下，给完水后撤下薄膜，盖上润湿的草帘子，保持床内潮湿度），给水量不要过大，并要防止水灌入袋内，应根据床内湿度、通风度、自然温度、耳芽情况等综合考虑决定。使芽保持在良好的生长状态，每天傍晚进行通风，直至耳芽长到 1cm 左右（耳芽干后要高出菌袋平面），开始分床并进入露天管理。

（八）露天管理

分床前需在地面上铺设一层地膜，菌袋须轻拿轻放，直立摆放（16cm × 52cm 菌袋要从中间割开），摆放 20 袋 /m²，袋间隔 10cm，以免木耳长大黏连和影响空气的流通。在人行道铺喷水带，水泵用自控开关控制。

浇水是黑木耳生产最关键的一环，要采用清澈无污染的河水或井水，pH 值为中性。用专用喷水设施进行喷水，喷水设施主要有微喷喷头、喷水带等。喷水时间应合理安排，一旦确定后就不能改变。如自小开始，早晚浇水，那么直到最后也不能变，不能想什么时候浇水就浇水。可以采取 3 时到 7 时、15 时到 19 时的浇水方法，干干湿湿，干湿交替。黑木耳耐旱性强，耳芽及耳片干燥收缩后，在适宜的湿度条件下，可恢复生长发育。干燥时，菌丝生长，积累养分；湿润时耳片生长，消耗养分。在整个管理时期，应掌握“前干后湿”，形成耳芽后保持“干干湿湿，干湿交替”的管理方法。

（九）采摘

当耳片背后出现白色的孢子，达到八成熟时要及时采收。若待耳片伸长或向上卷时再采摘就会影响质量和产量。采收时用刀片在耳基处割下，不要带锯沫，保持耳片的清洁。不可用手握住耳片贴根处拧下。

（十）晾晒

采后要及时晾晒，晾晒时要耳片在上、耳基在下，大朵的晾晒时要将耳片撕开，成单片状。晾晒要用网状物，上下通气，中途不可翻动，要一次性晒干。

参考文献

[1] 金琳，金阳. 农业研发投入与农业经济增长问题研究［M］. 延吉：延边大学出版社，2022.

[2] 蒋瑞斌. 农业机械设备使用与维护［M］. 湘潭：湘潭大学出版社，2022.

[3] 孙桂英，李之付，王丽. 生态农业视角下绿色种养实用技术［M］. 长春：吉林科学技术出版社，2022.

[4] 钟静，熊江. 农业信息技术实战案例［M］. 北京：北京邮电大学出版社，2022.

[5] 楚万强. 互联网背景下农业灌溉工程技术与实践研究［M］. 郑州：黄河水利出版社，2022.

[6] 俞成乾. 农业机械实用技术问答［M］. 兰州：甘肃科学技术出版社，2022.

[7] 徐岩，马占飞，马建英. 农机维修养护与农业栽培技术［M］. 长春：吉林科学技术出版社，2022.

[8] 曾伟. 观光休闲农业助推乡村振兴［M］. 武汉：武汉大学出版社，2022.

[9] 高志强，段美娟，肖化柱，等. 卓越农业人才培养改革实践［M］. 长沙：湖南科学技术出版社，2022.

[10] 郭兰萍，黄璐琦. 中药生态农业［M］. 上海：上海科学技术出版社，2022.

[11] 赵春江. 智能农业 2020［M］. 北京：中国科学技术出版社，2021.

[12] 娄向鹏. 品牌农业娄向鹏看世界农业［M］. 北京：机械工业出版社，2021.

[13] 徐丽芳，魏英男，杨琴. 农业基础化学第 3 版［M］. 北京：中国农业大

学出版社，2021.
[14] 鲁靖康. 清代新疆农业研究 [M]. 咸阳：西北农林科技大学出版社，2021.
[15] 刘桂阳，王娜，李龙威，等. 虚拟农业技术应用 [M]. 哈尔滨：哈尔滨工程大学出版社，2021.
[16] 周培. 现代农业理论与实践 [M]. 上海：上海交通大学出版社，2021.
[17] 李钊. 唐代四川农业发展与社会变迁研究 [M]. 北京：新华出版社，2021.
[18] 周县华. 农业保险经营管理 [M]. 天津：南开大学出版社，2021.
[19] 臧云鹏. 中国农业真相 [M]. 北京：中华工商联合出版社，2021.
[20] 樊志民，李伊波，王子今. 秦农业史新编 [M]. 西安：西北大学出版社，2021.
[21] 谢能付，曾庆田，马炳先，等. 智能农业 [M]. 北京：中国铁道出版社，2020.
[22] 蔡桂全. 农业风险与农业保险制度建设研究 [M]. 北京：北京工业大学出版社，2020.
[23] 马磊. 区块链数字农业 2030 未来农业图景 [M]. 北京：中国科学技术出版社，2020.
[24] 吴南生，朱述斌，游金明. 农业生产技术 [M]. 南昌：江西科学技术出版社，2020.
[25] 周承波，侯传本，左振朋. 物联网智慧农业 [M]. 济南：济南出版社，2020.
[26] 潘洁，李玉峰. 西夏农业研究 [M]. 兰州：甘肃文化出版社，2020.
[27] 李丹，李鸿敏；李新光，等. 农业保险政策 [M]. 天津：南开大学出版社，2020.
[28] 王太平，李科，杨晓明. 观光农业理论与实践 [M]. 北京：航空工业出版社，2020.
[29] 王金安. 农业综合开发战略定位研究 [M]. 杭州：浙江大学出版社，2020.

[30] 邵东国，顾文权，林忠兵. 农业水资源规划与管理 [M]. 北京：中国水利水电出版社，2020.